만약 세상에서
까마귀가
사라진다면

일러스트레이션 소시키 다이스케
북디자인 사토 아사미(사토산카이)
DTP 간스이 쿠미코
편집 협력 다치바나 리쓰코(펌프라보)
편집 모리 테츠야(엑스날리지)

IF CROWS DISAPPEARED FROM THE WORLD

만약 세상에서
까마귀가
사라진다면

마쓰바라 하지메 지음
정한뉘 옮김

나무의마음

일러두기

- 인명, 지명, 종명 등의 한글 표기는 외래어표기법을 따랐으며, 경우에 따라 관행화 된 표기나 원발음에 가까운 표기를 했다.
- 원서에 등장하는 생물 중 한국 이름이 없는 종은, 학명을 바탕으로 영어 이름을 찾은 뒤 한국어로 번역했다.
- 책에 등장하는 조류 중 사전에 등재되지 않은 속명 및 종소명은 일부 학계와 관련 연구 기관(혹은 국가생물종목록)에서 통용되는 명칭에 맞춰 사이시옷을 빼고 표기 했다.
- 역자의 추가 설명은 (—역주)로 표기했다.
- 본문에서 언급한 영화·드라마·장편소설·만화·애니메이션 등의 작품명은 『 』, 노래·시·단편소설·그림 등의 제목은 「 」로 표기했다.

만약 세상에서
까마귀가 사라진다면

삼천 세계의 ○○○를 죽이고 서방님과 늦잠을 자고 싶구나 (일본 에도 시대 말기의 조슈번 사무라이 다카스기 신사쿠가 읊은 정형시. '○○○' 자리에 들어가는 말은 '까마귀'다 — 역주)

참새와 물까치가 지저귀는 소리에 눈을 떴다. 막 동이 텄는데 쟤들은 참 부지런하기도 하지.

한동안 그대로 누워 있었지만, 다시 잠이 올 것 같진 않았다. 침대에서 나와 세수를 하고 옷을 갈아입고 운동화를 신은 다음 스마트폰과 생수병을 들고 밖으로 나갔다.

아파트 앞 골목에 쌓인 쓰레기봉투를 보니 타는 쓰레기를 버리는 날인 모양이다. 운동하고 와도 쓰레기 수거차가 오기 전에 버릴 수 있겠지. 이 주변에는 길고양이도 별로 없어서 쓰레기봉투가 어지럽혀질 일도 거의 없다.

응? 방금 왠지 이상한 기분이 들었는데 뭐지?

어렴풋이 든 의문은 스마트폰을 꺼내면서 사라졌다. 운동하는 김에 게임도 해야지. 스폿을 몇 군데 돌면서 포켓몬이나 잡아야겠다. 어젯밤에도 잠깐 나갔다가 한 마리 잡았다. 이름이, 니…….

니(검은색을 뜻하는 스페인어 '니그로negro'와 까마귀를 뜻하는 영어 '크로우crow'에서 이름을 딴 포켓몬스터 니로우에서 '크로우'가 빠졌다. 니로우는 돈크로우로 진화한다—역주)? 이렇게 새까만 포켓몬이 있었나? 아, 있었던 것 같다. 돈 어쩌고로 진화해서 강해지는 녀석. 뭐였더라. 트리토돈, 하마돈, 퍼퓨돈……은 아닌데. 대충 그런 이름이었던 것 같다.

왠지 모르게 찜찜한 기분으로 달리기 시작했다. 기분 전환 삼아 이어폰 끼고 음악이라도 듣자. 스마트폰에 넣은 노래를 랜덤으로 틀었다. 재생된 곡은 호시노 겐의 「사랑」. 아침에 어울리는 노래는 아닐지도 모르지만 나쁘지 않다. 이 곡이 OST로 들어간 드라마 『도망치는 건 부끄럽지만 도움이 된다』도 좋아했다.

바람은 실어나르네 어치 떼와 수많은 사람을

응?

아니, 아무렇지도 않다. 원래 이런 가사다. 가을이 되면 떼 지어 날아가는 어치를 볼 수 있다. 물까치, 까치, 잣어치도 어치과 새다. 일본에서는 까치를 카치카케스ヵチヵヶス(카케스ヵヶス는 어치를 뜻하는 일본어로, 까마귀가 존재하는 원래 세상에서 까치를 가리키는 일본어는 카치가라스ヵチガラス다―역주)라고 하는데 비슷한 구석이 있구나 싶다.

……다소 위화감도 들고 억지스럽기도 한 일상을 상상해봤다. 까마귀가 없는 일상을.

물론 '까마귀만이 없는 거리'가 탄생하리라고는 장담할 수 없다(산베 케이의 만화 『나만이 없는 거리』의 패러디―역주). 까마귀가 진화하지 않은 세상에는 이 세상과 다른 부분이 또 있을지 모른다. 다른 새가 까마귀의 자리를 차지할 수도 있고 우리의 생활에 모종의 변화가 생길 수도 있다. 상당히 터무니없는 가정이기는 하다.

이런 식으로 '만약 까마귀가 없어지면 무슨 일이 벌어질까?'라는 생각에서 출발해 이 책을 쓰게 되었다. '사라진 뒤에 비로소 깨달은 일상'은 이미 식상한 주제지만, 만약 까마귀가 존재하지 않으면 세상은 어떻게 바뀔까. 여전히 그대로일까? 아니면 서서히 침식된 끝에 무너져 내릴까? 솔직히 책을 쓰고 있는 지금도 여전히 모르겠다.

CONTENTS

제3장 인간 사회에서 까마귀가 사라진다면

제4장 까마귀의 대역 오디션

제1장

생태계에서 까마귀가 사라진다면

까마귀는 핵심종일까?

어떤 생물이 사라지면 생태계 전체가 무너질 수 있다는 말을 들어본 적 있을 것이다. 결코 과장된 말이 아니다. 그 대표적인 예가 바로 '켈프 숲'이다.

북태평양에서 자라는 길이 수십 미터의 거대한 해조류 켈프는 바닷속에 울창한 숲을 이루며 수많은 생물에게 서식지와 영양원을 제공한다. 그 안에서 다양한 종들이 서로 먹고 먹히며 살아간다. 1971년, 대학원에서 생태학을 공부하던 제임스 에스테스는 알류샨 열도의 두 섬에서 해양 생태계를 비교 조사했다. 암치트카섬에는 해달이 서식하고 있었지만, 가까운 셰미아섬은 남획으로 인해 규모가 감소한 해달 개체군이 아직 회복되지 못해 거의 사라진 상태였다.

이 차이는 바다 풍경에서도 극명하게 드러났다. 암치트카섬 주변에는 켈프가 무성하게 자라며 다양한 생물이 살아가고 있었지만, 셰미아섬 근처에는 성게만 가득하고 켈프는 거의 찾아볼 수 없었다. 당연히 생물 종의 수도 훨씬 적었다.

그 이유는 해달이 성게의 천적이기 때문이다. 해달이 없으면 성게가 급격히 늘어나고, 늘어난 성게는 켈프를 모조리 갉아먹어 켈프가 자랄 수 없게 된다. 따라서 켈프 숲을 삶의 터전으로 삼아 살아가던 생물들 역시 함께 사라져버렸다. 즉 켈프 숲 생태계를 떠받치고 있던 핵심은 바로 해달이었던 것이다.

이처럼 생태계 전체가 무너지지 않도록 지탱하는 존재를 '핵심종keystone species'이라고 부른다. 여기서 키스톤keystone이란 아치형 구조의 건축물 중앙에 끼워 넣는 쐐기 모양의 돌, 즉 종석宗石을 뜻한다. 이 돌은 구조 전체의 하중을 분산시켜 아치가 무너지지 않도록 지탱하는 역할을 한다. 그런 만큼 키스톤이 빠지면 아치형 구조는 균형을 잃고 붕괴해버린다.

물론 핵심종 하나가 사라진다고 해서 곧바로 생태계 전체가 무너지는 것은 아니다. 수많은 종이 얽혀 있는 생태계는 벽돌을 쌓아올린 구조물과 같아서, 벽돌 한두 장쯤 사라져도 당장은 유지될 수 있다. 그러나 어떤 종이 사라졌을 때 균형이 얼마나 흔들릴지는 그 종이 사라진 뒤에야 비로소 알 수 있다.

또한 매나 올빼미 같은 맹금류, 즉 최상위 포식자의 존재가 생태계의 다양성을 높인다는 주장도 있다. 반대로 그런 경우는 없다고 반박하는 이들도 있다. 그러나 최근 발표된 메타분석 연구(특정 주제에 대해 지금까지 발표된 독립적인 연구를 종합하여 통계적으로 분석하는 방법─역주)에 따르면 결과가 꼭 일치하는 것은 아니지만, 대체로 최상위 포식자가 있는 환경에서 생물 다양성이 더 높은 경향이 나타났다(물론 이것이 포식자의 존재로 다양성이 높아진 것인지, 아니면 다양성이 높은 생태계라 포식자까지 살아남을 수 있었던 것인지는 여전히 더 많은 연구가 필요하다). 이 결과는 맹금류 보전의 중요성을 다시 확인시킴과 동시에, 맹금처럼 눈에 잘 띄는 생물 이외의 포식자들에 대한 연구가 여전히 부족하다는 점을 시사한다. 까마귀 역시 포식자이므로, 만약 까마귀가 사라진다면 어떤 방식으로 생태계에 영향을 미칠지는 예측하기 어렵다(물론 확실히 영향을 미친다고 단정하기도 어렵다).

그렇다면 만약 까마귀가 사라지면 어떤 일이 벌어질까? 이 질문에 대답하려면 까마귀가 평소에 어떤 일을 하고 있는지부터 살펴볼 필요가 있다. 까마귀가 하는 일은 무엇일까?

"쓰레기통을 뒤진다."

아마 많은 사람이 이렇게 대답할 것이다. 틀린 말은 아니다.

까마귀는 죽은 동물을 먹는 식성을 가지고 있다. 다른 동물이 먹고 남긴 것도 찾아다닌다. 이런 동물을 '청소동물scavenger'이라고 부르는데, 말하자면 자연계의 청소부라 할 수 있다. 생태계의 물질 순환 과정에서 보면, 사체가 분해되어 무기물로 돌아가는 단계의 첫 출발점에 해당한다고도 할 수 있다.

도시에는 동물 사체가 별로 없지만, 음식물 쓰레기는 넘쳐난다. 음식물 쓰레기는 결국 인간이 먹고 남긴 부분이므로, 생태학적으로 보면 사자가 먹고 남긴 누gnu의 사체와 별반 다르지 않다. "이건 그저 깨끗하게 수거해달라고 내놓은 쓰레기일 뿐이다"라는 인간의 사정은 까마귀에게 중요하지 않다. 그들이 '청소동물'이라고는 하지만 거리가 더럽혀지는 것에는 관심 없다. 그들에게는 주인이 없는 것은 무엇이든 먹어도 된다는 단순한 원칙만 있을 뿐이다.

물론 예전에는 개나 고양이도 쓰레기를 뒤졌지만, 요즘은 들개는 거의 없고, 길고양이도 동네 사람들에게 먹이를 얻는 경우가 많아 큰 문제는 되지 않는다. 그러므로 까마귀가 없다면 음식물 쓰레기를 파헤쳐 동네가 지저분해지는 일은 확실히 줄어들 것이다.

누군가는 "까마귀가 우리 집 감을 쪼아 먹었다"고 불평할지 모르겠다. 이것 역시 사실이다. 까마귀는 과일을 즐겨 먹는다. 감이나 비파 같은 큰 열매뿐만 아니라, 녹나무나 벚나무 같은 가로수의 작은 열매도 잘 먹는다. 심지어 딱딱하고 바싹 마른 오구나무 열매까지 먹을 정도다. 따라서 까마귀가 없다면 안뜰 감나무 열매를 도둑맞을 일도 없어질 것이다.

또 "늘 지켜보던 제비 둥지가 까마귀에게 습격당했다"는 경험담도 있을 수 있다. 이것 역시 사실이다. 까마귀는 작은 동물을 잡아먹는다. 잡식성인 까마귀는 과일뿐만 아니라 고기도 잘 먹는다. 자연계에서 고기란 두 가지로 나뉜다. 아직 살아 있는 고기와 이미 죽은 고기. 살아 있는 고기는 도망치거나 반격할 수도 있기 때문에 번거롭다. 다시 말해 포식자에게 고기란 '잡기 어려운 고기'와 '잡을 수 있는 고기'로 구분될 뿐이다.

그래서 까마귀는 자기 힘으로 잡을 수 있는 크기의 동물이라면 무엇이든 먹는다. 곤충은 물론이고, 가재도 잡아먹는다. 쥐를 잡아먹는 모습도 본 적이 있고, 비둘기 정도라면 살아 있더라도 어떻게든 사냥할 수는 있다. 우리는 흔히 포식자가 짐승이나 새를 잡아먹으면 사납다고 생각하고, 곤충을 먹으면 온순하다고 여기지만, 두 경우 사이에는 본질적인 차이가 없다. 단지 자신의 크기와 능력에 맞는 먹이를 먹을 뿐이다.

다만 까마귀가 비둘기를 먹는다고 해서 반드시 사냥한 결과라고는 할 수 없다. 교통사고로 죽은 비둘기를 주워 먹는 경우도 많기 때문이다.

실제로 까마귀가 비둘기를 공격하는 장면은 여러 번 보았지만, 끝까지 성공한 모습은 거의 본 적이 없다. 다만 공격 직후 이미 제압된 비둘기의 숨통을 끊는 장면은 본 적이 있다. 그 이유는 까마귀에게는 맹금류처럼 큰 갈고리발톱이 없어서 비둘기를 움켜잡아 제압하거나 한 번에 죽이는 것이 불가능하기 때문이다. 매는 하늘에서 급습해 날카로운 발톱으로 꽉 잡아 움직이지 못하게 누르는 동시에 치명상을 입히며, 송골매는 목뼈를 물고 꺾어서 즉사시킨다. 하지만 까마귀에게는 그럴 만한 무기가 없다. 그래서 상대가 죽을 때까지 목덜미를 집요하게 쪼아대는, 피비린내 나고 비효율적인 방법을 쓸 수밖에 없는 것이다.

까마귀가 다른 새를 포식하는 것에 성공하는 경우는 대부분 상대가 도망칠 수 없을 때다. 예를 들어, 일본 오키나와에서는 류큐큰부리까마귀가 멸종위기 조류인 오키나와뜸부기를 잡아먹은 사례가 보고된 바 있다. 이는 도로 옆 배수로에 빠져 도망갈 수 없게 된 뜸부기를 제압한 것이었다. 또 목에 흰 띠가 있는 갈매기를 잡아먹는 순간을 포착한 사진을 본 적이 있는데, 이 경우에도 까마귀가 갈매기를 얕은 물속에 몰아넣어 움직이지 못하게 눌러두었기 때문에 사냥이 쉬웠던 것으로 보인다.

결론적으로 까마귀가 노리는 상대는 대체로 반격할 수 없을 만큼 작거나 약한 경우다. 이것이 까마귀가 새 둥지를 노리는 이유이기도 하다. 알이나 새끼를 확실히 잡아먹을 수 있기 때문이다. 만약 까마귀가 사라진다면, 새끼 제비가 까마귀에게 잡아먹히는 일도 일어나지 않을 것이다.

이제 정리하자면 길거리가 쓰레기로 어지럽혀질 일도, 안뜰 감나무에 매달린 감이나 오이를 도둑맞을 일도, 즐거이 지켜보던 제비 둥지가 습격당할 일도 없다. 그렇게 본다면 까마귀가 없는 편이 인간에게는 오히려 더 낫지 않겠는가?

생태계에서 까마귀의 역할

그러나……. 여러분이 거리를 걷다가 누군가 떨어뜨린 치킨 너깃이나 술에 취한 사람이 토해놓은 토사물을 밟게 될 확률은 조금 더 높아질 것이다. 땅바닥에 떨어진 쓰레기를 눈치 빠르게 발견해 청소할 까마귀가 없어졌으니 말이다.

또 어딘가에서 불쑥 풀이나 나무가 돋아나는 일이 줄어들 수 있다. 까마귀가 과일을 먹고 씨앗을 멀리 옮겨 퍼뜨릴 일이 없기 때문이다. 실제로 일본의 활화산인 우스산이 분화한 뒤, 산책로를 따라 식생이 빠르게 회복된 것은 관광객과 함께 찾아온 까마귀 덕분이 아니었을까 하는 추측도 있다. 물론 씨앗을 퍼뜨리는 새는 많지만, 까마귀만큼 큰 열매를 먹고 먼 거리를 이동할 수 있는 새는 일본에 없다. 다시 말해 녀석들은 큰 씨앗을 가지고 먼 거리를 이동할 수 있다는 점에서 독보적인 존재인 셈이다.

자연계에서도 마찬가지 현상이 일어난다. 사슴이 죽어 있어도 그것을 뜯어먹으러 오는 까마귀가 없다면 어떻게 될까. 물론 까마귀가 먹지 않아도 다른 동물이 먹어치울 것이다. 실제로 동물의 사체를 먹어치우는 또 다른 맹금류 콘도르가 서식하는 미국과 콘도르가 없는 일본을 비교했을 때, 사슴 사체가 완전히 사라지기까지 걸리는 시간에는 대략 7일 정도로 큰 차이가 없다는 연구 결과가 있다. 일본에서는 포유류가 열심히 사체를 먹어치운 덕분이라고 하지만, 까마귀 역시 이 과정에 분명 한몫했을 것이다. 까마귀는 너구리 같은 동물과 비교하면 훨씬 가볍지만, 본래 새는 체중에 비해 많은 양을 먹는다. 그리고 포유류와 달리 날아다니며 쉽게 모일 수 있고, 한데 무리를 이루면 제법 큰 전력이 된다.

실제로 좋은 먹이가 있으면 여러 마리의 까마귀가 몰려드는 모습을 자주 볼 수 있다. 산속에서 죽은 구리꿩 주변에 6마리 정도 되는 큰부리까마귀가 모여 있는 광경을 본 적이 있다. 홋카이도에서는 죽은 에조사슴 근처로 수십 마리의 까마귀가 모여들었다. 숲속이라 정확히 셀 수는 없었지만, 30마리 이상은 되어 보였다. 사실 이런 야생의 왕국 같은 사례까지 들먹이지 않아도 된다. 이른 아침 번화가에 몰려드는 까마귀 무리야말로 '좋은 먹이에 모여든 까마귀 군단'의 전형적인 모습이다.

따라서 까마귀가 없다면 자연계의 사체 분해 속도가 다소 늦어질 것이다. 물론 "까마귀가 없으면 사체가 쌓여 전염병이 돌고 난리가 납니다!"라고까지 말할 수는 없다. 하지만 분해 속도가 늦어진다는 것은 곧 생태계의 물질 순환 속도가 더뎌진다는 의미다. 인간 사회로 비유하자면 자원이나 부품의 공급 혹은 화폐의 유통이 지연되는 것과 같다. 곧 경제의 침체와 비슷한 현상인 셈이다.

까마귀가 주로 잡아먹는 '작은 동물'은 곤충이다. 당신이 곤충을 아주 좋아하고, 애벌레쯤은 아무렇지 않다면 모르겠지만, 그게 아니라면 가로수 아래를 걷지 않는 편이 나을지도 모른다. 가로수에는 커다란 애벌레(라고 대충 적었지만 구체적으로 말하자면 나비나 나방의 유충)들이 붙어 있고, 까마귀는 그들을 잡아먹는 천적이기 때문이다. 실제로 일본 다이쇼 시대(1912~1926년)에 홋카이도에서 메뚜기 떼가 창궐했을 때, 까마귀와 찌르레기가 메뚜기를 모조리 먹어치운 덕에 농작물이 전멸하는 사태를 막았다는 기록도 있다. 즉 까마귀가 없다면 벌레들의 우글우글 대행진을 마냥 지켜보든지, 아니면 살충제를 뿌리는 수밖에 없다.

자, 이쯤에서 모순을 눈치챘을지도 모르겠다. 가장 모순된 부분은 '제비 새끼를 잡아먹는 건 용납 못 하지만, 살충제를 뿌리는 건 괜찮다'는 대목이다. 살충제를 뿌리면 제비의 먹이인 각종 작은 곤충의 개체 수까지 감소하기 때문이다.

또 하나 덧붙이자면 도심에서 둥지를 철거하는 인간의 행위는 제비에게 까마귀만큼, 때로는 까마귀보다 더한 위협으로 다가온다. 과거 농경 사회의 제비는 모내기 철이면 하늘을 날아다니는 철새로, 논의 해충을 잡아먹는 익조益鳥였다. 옛사람들은 제비를 행운을 가져다주는 새로 여겼다. 처마 끝이나 때로는 방 안까지 들어와 둥지를 틀어 예로부터 인간과 가까운 새였다. 그러나 농업과 멀어진 현대인에게 제비는 더 이상 특별히 이로운 새가 아니며, 행운이라는 미신도 힘을 잃었다. 오히려 소중한 자동차 위에 배설물을 떨어뜨리는 골칫덩이로 취급받기 일쑤다.

거리 청소는 환경미화원이 한다지만 까마귀가 조금쯤 거들어 줘도 좋지 않을까(물론 까마귀는 배설물도 남기고, 주워 먹은 먹이를 어디엔가 숨겨놓기도 하니 오히려 일이 더 늘어날지도 모르겠다).

까마귀는 씨앗을 퍼뜨리는 역할도 한다. 안뜰에 어떤 나무를 몇 그루 심을지는 인간이 결정하지만, 자연에서 씨앗을 퍼뜨려주는 '정원사' 역할은 수많은 새들이 한다. 까마귀도 그중 하나다.

따라서 까마귀가 사라진다고 해서 곧바로 생태계가 무너지는 것은 아니라 해도 이곳저곳에서 서서히 영향이 나타날 것이다. 물론 다른 동물들이 까마귀의 빈자리를 메울 수 있겠지만, 지금 우리가 보는 자연의 모습과는 달라질 수도 있다. 끝내 완전히 메우지 못한 부분이 있다면, 그곳은 분명하게 변화가 나타날 것이다.

세상에는 까마귀를 싫어하는 사람들이 있다. 그것은 물론 자유다. 하지만 당당하게 "저런 것들은 아무짝에도 쓸모없어!"라고 말하는 사람마저 있다. 물론 까마귀가 인간에게 직접적인 도움은 안 될 수도 있지만, 그들이 생태계에서 맡은 역할까지 잊어서는 안 된다.

까마귀는 야생 동물이고, 당연히 생태계에서 일정한 지위niche를 차지하고 있다. 지위라는 표현이 거슬린다면 역할이나 업종이라고 바꿔 말해도 좋다.

생태학적 지위란 생태계를 움직이게 하는 하나의 서비스라고 생각할 수 있다. 필수 노동자essential worker라는 말이 널리 쓰이게 된 지도 몇 년이 지났는데, 복잡하게 얽힌 사회 속에서 특정 업무가 정체되면 얼마나 큰 영향을 미치는지 우리는 코로나COVID-19 사태를 통해 절실히 깨달았다. 그 이전 2011년 동일본 대지진 당시에는 일본의 한 제조업체가 페인트 도료를 출하하지 못하자, 미국 자동차 생산 라인이 멈춰버린 사례도 있었다.

이런 의미에서, 까마귀가 생태계에서 어떤 역할을 하고 있는지 살펴보자. 좀 더 구체적으로 말하면 '까마귀가 무엇을, 어떻게 먹고 있는가' 하는 문제다.

무엇을 먹는지는 이미 앞에서 언급한 바 있지만 '어떻게 먹는지' 역시 중요하다. 예를 들어 고래의 존재가 바다 생태계에 미치는 영향을 생각해보면 된다.

그전에 바다의 유기물 생산과 순환에 대한 원론적인 이야기부터 먼저 해야겠다. 바닷속에서 일어나는 물질 순환의 기초가 되는 생물은 식물성 플랑크톤이다. 이들은 광합성을 통해 무기물에서 유기물을 만든다. 육지에서 식물이 광합성을 통해 유기물을 생산하는 것과 같은 이치다.

그러나 바다 생태계에는 심각한 문제가 있다. 바닷물의 투명도가 낮아 빛이 깊은 곳까지 도달하지 못한다는 점이다. 광합성이 이루어지는 한계 수심은 수면에서 내려온 햇빛의 1퍼센트만 남는 깊이로 알려져 있다. 연안에서는 약 30미터 떨어진 지점, 투명도가 상대적으로 높은 먼바다라도 200미터가 한계다.

따라서 플랑크톤은 주로 해수면과 가까운 얕은 바다에 넓게 퍼져 광합성을 한다. 그러나 식물이 살아가려면 빛과 이산화탄소, 산소만으로는 부족하다. 질소, 인, 철과 같은 영양염류도 필요하다. 문제는 이런 영양염류가 바닷물에 넉넉히 녹아 있는 게 아니라는 사실이다. 육지의 식물은 뿌리로 땅속의 양분을 빨아올리지만, 바다에 사는 플랑크톤에게 '땅속'은 수천 미터 아래에 있는 셈이다.

특히 인산염의 경우, 바닷속에 가라앉은 플랑크톤 사체에서 녹아 나오기 때문에 해저 쪽에 쌓이기 쉽다. 그러나 심해는 수온이 낮아, 밀도가 높은 차가운 물이 위로 떠오르지 못한다. 물론 해류의 영향으로 영양염류가 떠오르는 해역도 있지만, 그런 '핫스폿'은 어디에나 있는 것이 아니다.

이 상황을 우리 일상에서 쉽게 볼 수 있는 비유로 바꿔보자. 욕조에 뜨거운 물을 가득 받고 입욕제로 배스 솔트bath salt를 넣었는데, 이게 바로 녹지 않고 욕조 바닥에 가라앉아 뭉쳐 있다. 자, 이럴 땐 어떻게 해야 할까?

정답은 손을 집어넣어 휘저어주는 것이다.

이 역할을 바닷속에서 해주는 존재가 바로 고래라는 연구가 있다. 보존생물학자 로먼Joe Roman이 2014년에 발표한 논문[1]에 따르면, 고래는 바닷속에서 펌프이자 컨베이어 벨트 같은 역할을 한다고 한다.

물은 온도에 따라 밀도가 달라진다. 그래서 수온 차가 큰 해수층들이 맞닿으면 경계면이 생기고 두 해역의 바닷물은 좀처럼 섞이지 않는다. 이 때문에 심해에 영양염류가 있더라도 해수면까지 잘 올라오지 못한다. 이 경계면을 뚫고 물을 휘저을 수 있는 것이 바로 고래처럼 강력한 유영 능력이 있는 생물이다.

또 넓은 해역을 헤엄치는 고래는 물질을 수평 방향으로도 휘저어준다. 고래의 배설물은 질소와 철분이 풍부한 비료 역할을 하는데, 고래가 헤엄쳐 다니며 서로 다른 해역에 배설물을 남기면 멀리 떨어진 곳까지 영양을 나르고 다시 분배하는 셈이 된다.

그리고 고래가 죽으면 그 사체는 바다 밑으로 가라앉는다. 그 것은 유기물이 부족한 심해에 떨어진 갑작스러운 '먹이 덩어리' 가 된다. 게다가 지방이 분해되면 메탄과 황화수소가 발생하는데, 이를 재료 삼아 화학 합성을 하는 세균이 번식하면서 새로운 유기물을 만들어낸다. 사막처럼 황량한 심해 바닥에서 고래 사체 주변만은 생명으로 가득한 오아시스가 되는 것이다.

이처럼 고래 사체를 기반으로 한 거의 독립적인 생태계를 '고래 낙하 생물 군집whale fall community'이라 부른다. 이 가운데에는 뼈를 갉아먹는 벌레 오스덱스Osedax japonicus처럼 고래 뼈만을 서식지로 삼는 특수한 생물도 있다. 이 생물은 열수분출구에 사는 관벌레*Lamellibrachia*와 가까운 친척으로, 고래 뼈 속 지방을 분해하는 화학합성 세균과 공생한다. 관벌레가 황산염 환원 세균과 공생하며 분출구에서 나오는 황화수소를 이용하는 것과 같은 이치다. 생물은 살아 있을 때뿐만 아니라 죽은 뒤에도 생태계에 계속 영향을 주고 있는 셈이다.

또 다른 사례를 들여다보자.

마다가스카르에는 앙그라이쿰 세스퀴페달레*Angraecum sesqui-pedale*라는 난초가 자생한다. 이 난초는 특이하게 매우 긴 꿀주머니를 가지고 있다. 거距라고도 하는 이 꿀주머니의 길이는 무려 30센티미터에 이르는데, 꽃잎 아랫부분에 달린 자루 모양의 주머니에 꿀이 고인다.

꽃이 꿀을 만드는 이유는 곤충 같은 매개자가 꽃가루를 옮길 수 있도록 유인하기 위해서다. 곤충은 꿀을 빨아 먹으려 꽃 속으로 들어가고, 그 과정에서 온몸에 꽃가루를 묻힌다. 아니, 자기도 모르는 사이에 몸에 꽃가루가 묻는 것이다. 그것이 바로 꽃의 목적이다. 곤충이 다음 꽃으로 날아가 앉으면 꽃가루가 암술을 건드려 수분을 시켜주기 때문이다. 꿀은 꽃가루를 운반하면서 받는 대가, 일종의 '보상'인 셈이다.

그런데 곤충 입장에서는 꽃가루를 옮겨주고 싶어서 꽃을 찾은 게 아니기에, 주둥이를 꽃 속에 쑥 집어넣고 꿀만 훔쳐먹고 달아나는 개체도 있다. 꽃들은 이런 '먹튀'를 막기 위해 온갖 방법을 동원하는데, 그중 하나가 긴 꿀주머니다. 곤충이 몸을 깊숙이 집어넣지 않으면 꿀에 닿을 수 없도록 아주 깊숙한 곳에 꿀을 저장하는 것이다.

진화론으로 유명한 찰스 다윈은 이 꽃을 보고 이렇게 예측했다.

"이 긴 꿀주머니에 맞서는, 믿을 수 없을 정도로 긴 입을 가진 곤충이 반드시 있을 것이다."

찰스 다윈의 이 예측은 정확히 맞아떨어졌다. 그의 죽음 이후, 주둥이 길이가 35센티미터에 달하는 크산토판박각시나방 *Xanthopan morganii praedicta*(긴혀나방)이 발견된 것이다.

앙그라이쿰 난초와 박각시나방의 관계는 단골집과 단골손님, 혹은 회원제 매장에 비유할 수 있다. 이렇게까지 서로에게 특화되면 양쪽 다 상대를 독점할 수 있다.

크산토판박각시나방에게 앙그라이쿰은 확실히 꿀을 빨 수 있는, 말하자면 자기 전용 식당이 된다. 만약 아무 꽃이나 찾아다니다가 다른 곤충이 이미 꿀을 다 빨아버렸다면 헛걸음이 될 테지만, 전용 식당이 있다면 (물론 같은 종의 다른 개체에게 선수를 빼앗길 수는 있지만) '누구나 환영'인 곳보다는 꿀이 매진될 위험이 적다. 따라서 이 나방은 앙그라이쿰 난초를 선별적으로 찾아가며, 먹이

자원으로 의존하게 된다.

이처럼 단골손님이 있다는 건 꽃에게도 큰 이점이다. 다른 꽃이 피든 말든 늘 와주는 '고객'이 있다면 수분의 기회가 보장된다. 굳이 꿀을 더 많이 만들거나 꽃을 화려하게 치장하는 수고를 들이지 않아도 된다. 식당에 비유하자면 무리한 서비스나 홍보 비용을 아끼는 셈이다.

그런데 이런 관계에서 한쪽이 멸종하면 어떻게 될까?

이 앙그라이쿰 난초가 사라지면 박각시나방은 다른 곳에서 꿀을 찾아야 한다. 물론 꿀을 빨 수는 있겠지만, 예전만큼 효율적이지 않다. 게다가 그 어마어마하게 긴 주둥이는 쓸모없는 기관으로 전락한다.

반대로 박각시나방이 사라지면 앙그라이쿰 난초는 훨씬 심각한 상황에 놓인다. 회원제 가게인데 정작 회원이 다 사라져버려 운영이 불가능하기 때문이다. 새로운 손님을 모으고 싶어도 다른 곤충들은 구조상 들어올 수 없으니 모두 문전박대를 하는 꼴이 된다. 결국 수분의 통로를 잃어버린 꽃은 멸종을 피할 수 없다.

이렇듯 어떤 생물이 '존재한다'는 사실은 반드시 그 주변에 영향을 끼친다.

애초에 까마귀는 어떤 새인가

'까마귀가 사라지면 어떻게 될까'를 생각하기 전에, 먼저 까마귀가 어떤 존재였는지를 떠올려보자.

조금 전문적인 내용이지만, 생물은 나무줄기에서 가지가 뻗어나가는 것 같은 구조로 분류되는데, 계 → 문 → 강 → 목 → 과 → 속 → 종으로 세분화■된다. 예를 들어 우리 인간은 동물계, 포유강, 영장목, 사람과, 사람속, 그리고 '사람'이라는 종에 해당한다.

물론 계통분류학의 한 방법인 분지학cladistics에는 훨씬 더 세밀한 용어들이 등장한다. 하지만 그것까지 설명하면 독자 여러분은 물론, 이 글을 쓰고 있는 나조차 지루해질 테니 여기서는 생략하겠다. 흥미가 있다면 따로 찾아보길 바란다.

조류의 경우, 분류학적으로는 동물계, 조강鳥綱에 속한다. 전 세계에 약 1만 종이 넘는 새가 존재하는데, 분류 기준에 따라 차이가 있긴 하지만 2022년 기준 국제조류학회International Ornithological Congress, IOC의 자료에 따르면 약 1만 1천 종 정도로 추정된다.

■ 아종亞種이라는 용어도 있다. 종의 하위 분류로, 완전히 다른 종이라고 할 수는 없지만, 그렇다고 똑같은 종이라고 하기도 애매한 경우를 가리킨다. 한때 '무적의 귀여움'으로 각종 미디어를 흔들어놓은 조류계의 아이돌 흰머리오목눈이는 바로 홋카이도에 서식하는 오목눈이의 아종이다. 분류학적으로는 오목눈이와 같은 종이다.

그 안에는 두루미목, 기러기목, 수리·매목, 파랑새목, 참새목 등이 있는데, 이 가운데 참새목에 속하는 새가 무려 6천 종 이상으로, 전체의 절반을 넘는다. 우리가 주변에서 흔히 볼 수 있는 참새, 제비, 할미새, 직박구리(멧새류), 찌르레기, 휘파람새 같은 친숙한 새들이 모두 참새목에 속한다. 여기서 '참새목'이라는 이름은 단지 대표적인 종을 따온 것일 뿐, 참새가 이 목의 원형이라는 뜻은 아니다.▪

참새목 안에는 수많은 과科가 있는데, 그중 하나가 까마귀과다. 까마귀과는 다시 어치속, 까치속, 물까치속, 잣까마귀속, 까마귀속 등으로 분류되며, 약 140종의 조류가 속한 것으로 알려져 있다. 이 가운데 까마귀속에 속하는 약 40종이 좁은 의미의 까마귀다. 즉 우리가 흔히 말하는 '까마귀'란 한 종의 이름이 아니라, 40여 종의 까마귀를 아우르는 단어다.

까마귀가 40종이나 된다고 하면 놀랄지도 모른다. 일본에서만 해도 큰부리까마귀, 송장까마귀, 큰까마귀, 떼까마귀, 갈까마

▪ 일본 교과서에서는 포유류 분류 중 과거에는 식육목食肉目이라고 부르던 것을 지금은 고양이목이라고 부르고 있다(일본 문부과학성이 1998년에 '일반인이 이해하기 쉽도록 표기'하라는 지침을 내린 결과지만, 혼선을 줄 뿐이었다). 하지만 그렇다고 해서 고양이가 고양이목의 기본형이라는 뜻은 아니다. 고양이는 앞을 향한 눈, 집어넣을 수 있는 발톱 같은 특징을 진화시킨, 상당히 특수화된 동물이다.

큰부리까마귀

송장까마귀

일본에 서식하는 두 종류의 까마귀

귀, 서양갈까마귀, 집까마귀 등 무려 7종이나 확인되었다.

이중 큰까마귀, 떼까마귀, 갈까마귀는 겨울이 되면 일본을 찾는 겨울 철새다. 반면 서양갈까마귀와 집까마귀는 목격된 적이 있을 뿐, 본래 일본에 분포하는 종은 아니다. 이런 가야 할 길을 찾지 못한 손님을 '길 잃은 새vagrant'라고 부른다. 참고로 서양갈까마귀의 주요 분포지는 러시아 서부에서 유럽, 집까마귀의 원래 분포지는 인도에서 동남아시아다. 인위적 유입이나 선박을 통한 밀항으로 보이는 개체군이 중동이나 아프리카에서도 보고된 바 있다.

그런데 최근 국제조류학회 분류에서는 갈까마귀와 서양갈까마귀 두 종은 까마귀속이 아닌 것으로 처리되었다. 까마귀와 아주 가까운 친척이긴 하지만, 이들은 갈까마귀속Coloeus으로 분류된 것이다. 따라서 이 책에서는 바뀐 분류 기준을 따라 일본의 까마귀는 5종으로 다루기로 한다. 나는 보통 일본조류학회에서 발간한 『일본조류목록』을 근거로 '갈까마귀든 서양갈까마귀든 사실상 까마귀니까 그냥 까마귀라고 치자'라는 입장이지만, 이 책에서는 따로 구분할 이유가 있다. 그 사정은 뒤에서 설명하겠다.

일본에서 번식하는 까마귀는 두 종, 큰부리까마귀와 송장까마귀뿐이다. 이 두 종은 1년 내내 일본에 머문다.* 따라서 보통 일본 사람들이 '까마귀'라고 부를 때는 사실상 이 둘 중 하나이거나 둘을 합쳐 부르는 것이다. 두 종은 선호하는 환경이나 먹이를 찾는 방식에 차이가 있긴 하지만, 이웃처럼 함께 살아가는 경우도 많다. 다만 서로 섞여 잡종이 태어나는 일은 없다.

까마귀라고 해서 모두 같은 서식 환경에서 사는 것은 아니다. 까마귀는 남극, 남아메리카, 뉴질랜드를 제외하고 전 세계에 분포한다. 고비나 사하라 같은 사막 한가운데에는 살지 않지만, 그 주변의 건조 지역에서는 산다. 습한 숲도 문제없다. 북극권 같은 고위도 지방에는 큰까마귀가 살고, 적도 부근에는 큰부리까마귀나 흰가슴까마귀 같은 까마귀도 산다.

'까마귀는 검다'라는 것도 사실 완전히 맞는 말은 아니다. 까마귀 가운데에는 목에 흰 띠가 있는 고리까마귀, 머리에 흰 무늬가 있는 뿔까마귀, 흑백 무늬를 가진 흰가슴까마귀뿐만 아니라, 회색과 검정이 섞인 종도 있다. 물론 대부분은 검은색이라서 '대체로 까마귀는 검다'라고 해도 크게 틀리지는 않는다. 빨강이나

■ 다만 오키나와에서는 송장까마귀의 아종인 작은부리까마귀가 겨울새로 분류된다. 더 나아가면 다른 지역에서도 일부 개체가 이동을 하고 있을 가능성이 있다. 예를 들어 봄철 이동기에 홋카이도의 네무로반도에서 스이쇼섬 쪽으로 날아가는 큰부리까마귀 무리가 목격되었다는 이야기를 들은 적이 있다. 그대로 날아간다면 시코탄섬, 이투루프섬을 거쳐 쿠릴열도로 이어지게 된다. 하지만 어느 정도 거리를 이동해야 그것을 '철새의 이동'이라고 부를 수 있는지에 대해서는 사실 뚜렷한 기준이 없다.

파랑 같은 화려한 유채색의 까마귀는 없으니 말이다. 다만 까마귀과 안에도 아마미어치나 대만까치처럼 짙푸른 깃털을 가진 종도 있다는 건 흥미로운 사실이다.

까마귀의 서식 환경이 워낙 광범위하다는 데서 눈치챘겠지만, 모든 까마귀가 인간 주변에서 쓰레기를 뒤지며 사는 것은 아니다. 실제로 산속에도 까마귀는 살고 있다. 일본 야쿠시마섬의 최고봉, 미야노우라산에도 어김없이 큰부리까마귀가 있었다. 주변 10킬로미터 이내에 인가조차 없는 곳이다. 사실 도시 한복판에서 까마귀가 제 것인 양 당당히 쓰레기를 뒤지는 풍경은 일본에서나 흔하게 볼 수 있는 일이다. 게다가 커다란 까마귀가 사람의 머리를 발로 차고 가는 것도 거의 일본에서만 볼 수 있는 현상으로, 들은 바에 따르면 러시아 연해주 블라디보스토크 정도에서나 보고되는 수준이다. 세계적으로는 까마귀가 설령 도심에 살더라도 일본만큼 사람 가까이에 붙어 사는 경우는 드물다.

이런 점에서 일본은 특이하다고 할 수 있지만, 그 이유는 아직 명확히 밝혀지지 않았다. 아마도 까마귀의 습성과 사람들의 태도, 그리고 사람들이 만들어온 국토 환경이 복합적으로 맞물려 나타난 결과일 것이다.

본론으로 돌아와서, 이 책의 주제인 '세상에서 까마귀가 사라진다면'이란 문장을 분류학적으로 다시 쓴다면 곧 '세상에서 까마귀속이 사라진다면'으로 이해할 수 있다. 우선은 세계 전체가 아니라, 일본에서 까마귀가 사라지면 어떤 일이 벌어질지를 생각 해보려 한다. 갑자기 전 세계의 까마귀를 없애버린다고 가정하 면, 그 변화를 다 따라가기 너무 힘들 테니 말이다.

갈까마귀와 서양갈까마귀를 까마귀속과 따로 분류한 것도 같 은 이유다. 까마귀속에서 빼두면 이 세상에서 없애지 않아도 되 고, 고려해야 할 변화도 조금 줄일 수 있기 때문이다.

까마귀는 생태계의 편의점?

그럼, 본격적으로 생각해보자. 만약 생태계에서 까마귀가 사 라진다면 어떨까?

곰곰이 생각해보니…… 유감스럽게도 그리 장대한 이야기가 펼쳐지진 않을 것 같다. 까마귀만이 할 수 있는 특별한 역할이 그 다지 떠오르지 않기 때문이다. 물론 내일이라도 대단한 논문이 발표될 수는 있겠지만, 지금까지 그런 것은 없었다.

하지만 까마귀의 폭넓은 식성을 생각하면 이곳저곳에 조금씩 발을 걸치고 있다는 건 분명한 사실이다. 그런 면에서 '만약 편의 점이 사라진다면?' 하고 상상해보면 비슷하겠다. 도시락은 도시 락 가게에서, 생활용품은 마트에서, 현금을 인출하려면 은행의 현금인출기에서, 이처럼 용무가 있다면 각각 알맞은 곳에서 해결할 수 있지만, 그래도 '한곳에서 웬만한 건 다 해결할 수 있다'는 편리함과 다양성이야말로 편의점의 큰 특징이다. 까마귀의 식성도 그렇다.

까마귀는 정말로 무엇이든 먹는다. 배설물을 조사해보면 작은 곤충의 날개, 개미의 머리, 풍뎅이의 딱지, 과일 씨앗, 작은 동물의 뼈 따위가 나온다. 대규모 조사 사례로 1960년대에 일본에서 발표한 연구보고[2]가 있는데, 그에 따르면 확인된 먹이만 해도 식물은 70종 이상, 곤충은 100종 이상에 달했다.

우선 잘 알려지지 않아 까마귀의 '숨은 주식'이라 할 수 있는 과일류부터 살펴보자.

까마귀는 열매를 즐겨 먹는 습성이 있어, 공원에서도 벚나무나 녹나무 열매를 먹는 모습이 자주 관찰된다. 그 밖에도 뽕나무, 소귀나무, 느티나무, 왕느릅나무, 멀구슬나무, 까마귀산초, 오구나무 등의 열매도 잘 먹는다. 실제로 이케다의 보고서에 따르면 위장 내용물 중 과일 씨앗이 차지하는 비율은 큰부리까마귀가 44퍼센트, 송장까마귀가 18퍼센트였다. 물론 계절에 따라 식성은 달라진다. 또 이 결과는 먹이 개체 수의 비율이지 칼로리의 비율은 아니며, 농경지에 사는 까마귀들에게 치우친 것도 사실이다. 그렇더라도 생각보다 많은 과일을 먹는다는 사실은 흥미롭지 않은가?

과일이 괜히 달콤한 과육을 발달시키거나, 붉거나 주황 같은 화려한 색을 띠는 게 아니다. 이 모든 것은 동물에게 먹혀 씨앗이 멀리 퍼질 수 있도록 유도하는 보상이자 광고다. 따라서 과일을 먹는 새가 없으면 식물도 큰 곤란을 겪는다.

물론 과일을 먹는 새가 까마귀만 있는 것은 아니다. 일본에서 흔히 볼 수 있는 새들 가운데 찌르레기와 직박구리는 열매를 주식처럼 먹는다. 비둘기도 과일을 잘 먹고, 겨울 한정이지만 월동을 위해 일본으로 날아온 개똥지빠귀도 열매를 적극적으로 이용한다. 따라서 까마귀가 사라진다고 해서 씨앗을 퍼뜨려줄 존재가 완전히 없어지는 것은 아니다. 까마귀가 없는 만큼 다른 새들이 개체 수를 늘려 부지런히 씨앗을 퍼뜨리면 된다.

하지만 까마귀가 아니면 옮기기 어려운 과일도 있다.

감과 비파가 대표적이다. 물론 찌르레기와 직박구리도 감과 비파를 맛있게 먹지만, 몸에 비해 열매가 너무 커서 물고 날아갈 수 없다. 통째로 삼키기는커녕 나무 위에서 쪼아 구멍을 내고 과육만 파먹을 뿐이라 씨앗을 다른 곳으로 옮길 수도 없다. 애초에 씨앗 자체가 워낙 커서 몸집이 작은 새의 목구멍을 통과하지도 못한다(물론 직박구리가 금귤을 통째로 삼키는 장면을 본 적이 있으니, 어떻게든 큰 씨앗도 삼킬 수 있을지 모른다. 그러나 씨앗만 억지로 삼킨다고 해서 직박구리에게 이득이 되는 건 없으니 굳이 애쓸 이유도 없지 않을까?).

그러나 까마귀 정도의 조건이라면 열매를 통째로 물고 날 수도 있고, 씨앗째 삼켜줄 수도 있다. 그렇게 되면 모체 나무에서 멀리 떨어진 곳까지 씨앗을 퍼뜨릴 수 있다. 바로 이 '멀리 떨어진 곳'이라는 점이 중요하다. 씨앗이 모체 나무 바로 아래에만 떨어질 거라면 굳이 달콤하고 화려한 과일을 만들 필요가 없다. 그냥 위에서 떨어뜨리면 그만이니까.

물론 모체 나무 바로 아래에 씨앗이 떨어지는 것도 장점은 있다. 모체 나무가 크게 잘 자란 곳이니 성장에 적합한 환경일 것이라고 추측할 수 있기 때문이다. 그러나 동시에 모체 나무의 그늘 때문에 햇빛이 부족한 곳에 떨어지면 성장에 불리할 수도 있다. 게다가 산불, 산사태, 병충해 등으로 그 생육 장소가 사라지면, 그곳에 뿌리내린 한 무리 전체가 전멸할 위험도 있다. 반대로 씨앗이 멀리 흩어지면 반드시 좋은 환경이라는 보장은 없지만, 여러 개를 흩뿌려두면 그중 일부는 운 좋게 살아남아 자랄 수 있다. 이렇게 자손을 분산시켜 위험을 줄이는 것이 식물의 전략이다.

실제로 도쿄의 철로 주변에 뜬금없이 자라난 비파나무는 까마귀가 씨앗을 옮긴 것이 아닐까 하는 연구[3]도 있다.

이게 사실이라면 까마귀가 사라졌을 때 일본의 비파나무가 큰 타격을 입지 않을까?

물론 너구리, 흰코사향고양이, 라쿤, 일본원숭이도 비파나 감을 곧잘 먹는다. 특히 흰코사향고양이와 원숭이는 나무 위에 올라가 열매를 먹는 경우가 많아 씨앗 확산에 기여했을 것이다. 그렇다면 까마귀가 사라지더라도 이들이 있으니 괜찮지 않을까?

문제는 분포 지역이다. 비파나무는 본래 일본에서 가장 큰 본토인 혼슈의 서부에서 자생하던 식물이다. 반면 흰코사향고양이는 시코쿠와 규슈에도 띄엄띄엄 분포하지만, 주 분포지는 일본 동부다. 서부 지역에는 원숭이 외에는 비파 씨앗을 옮겨 줄 동물이 없는 셈이다. 너구리도 땅에 떨어진 과일 열매를 잘 먹고 나무도 어느 정도 오르지만, 까마귀나 흰코사향고양이처럼 높은 곳까지 자유롭게 올라가지는 못한다.

게다가 흰코사향고양이는 일본 토종이 아니라 외래종일 가능성이 크다. 꽤 오래전에 유입되었을 가능성이 높지만 비파나무가 일본에 자리 잡은 역사보다는 짧을 것이다. 사실 비파나무는 중국 남부가 원산지로, 고대에 일본으로 들어온 것으로 알려져 있다. 여기까지 파고들면 '애초에 자연 분포의 기준이 어디까지인가'의 문제가 된다.

그럼에도 불구하고 분명한 사실은 까마귀가 없다면 야생화된 비파나무는 퍼져나가기 어려울 가능성이 크다는 것이다.

한편 감나무의 원산지는 한국, 일본, 중국 등 동아시아로, 예전부터 일본에서도 자생하던 나무다. 이 나무가 씨앗을 퍼뜨리는 데 도움을 준 새 또한 까마귀일 것이다. 물론 너구리, 흰코사향고양이, 일본원숭이도 씨앗 확산에 도움을 주지만, 까마귀가 없다면 날아서 멀리 씨앗을 옮겨주는 확산자를 잃는 셈이다.

조금 특이한 예로, 까마귀는 소철 열매도 먹는다. 소철 열매는 붉고 제법 눈에 띄지만, 그렇다고 새들이 몰려들어 먹는 장면이 쉽게 떠오르는 열매는 아니다. 소철은 중생대에 번성했던 식물로, 아마도 당시에는 공룡이 씨앗을 퍼뜨렸을지도 모른다(농담이 아니다). 그런데 현대에 들어와서는 일본 오키나와에서 까마귀가 소철 열매를 먹었다는 보고[4]가 있다.

실제로 나 역시 오키나와 남서부의 사키시마 제도에서 까마귀가 소철 열매를 먹는 모습을 두 차례 목격한 적이 있다. 까마귀 이외에 쥐가 소철 씨앗을 퍼뜨리는 경우도 보고되었지만, 하늘을 나는 씨앗 운반자로는 까마귀가 중요한 역할을 하고 있다고 봐야 할 것이다. 다만 소철 씨앗에는 독성이 있어 까마귀는 과피 부분만 먹는 것으로 보인다.

까마귀는 은행나무 열매도 먹는데, 어쩌면 은행나무의 씨앗을 퍼뜨리는 데에도 기여하고 있을지 모른다.

더 나아가 남일본에 분포하는 알로카시아 오도라*Alocasia odora*라는 토란과 식물의 씨앗도 까마귀가 옮긴다. 알로카시아 오도라는 독성■이 있어 대부분의 동물이 잘 먹지 않지만, 조류와 포유류는 생리적 구조가 다르고 씨앗을 씹어 부수는 방식도 달라서인지, 적어도 까마귀에게는 문제되지 않는 듯하다.

이처럼 일부 식물의 씨앗 확산에는 까마귀가 확실히 영향을 미치고 있는 셈이다.

까마귀가 절멸한 열대의 섬

실제로 까마귀가 멸종한 사례가 있을까? 결론부터 말하자면, 존재한다. 하와이에는 하와이까마귀*Corvus bawaiiensis*라는 고유종이 있었다. 몸길이는 약 46센티미터 정도로, 몸집이 작은 송장까마귀 정도의 크기였고, 계통으로는 갈까마귀에 가까운 것으로 알려져 있다.

하와이까마귀는 하와이에서 가장 큰 잡식성 조류 중 하나로, 다양한 열매를 먹으며 씨앗을 퍼뜨렸다. 어떤 씨앗은 새의 소화기관을 거치지 않으면 발아가 어려운 것도 있었으므로, 하와이까마귀는 그러한 식물에게 없어서는 안 될 번식 파트너였을 것

■ 알로카시아 오도라의 잎사귀에도 독이 있다. 선배가 "조금만 씹어봐. 씹고 바로 뱉어야 해"라고 하기에 시험 삼아 씹어봤더니 마구 찌르는 듯한 통증이 입속에 퍼졌다. 바로 뱉었는데도 통증이 사라지기는커녕 혀가 마비되어 약 10분 동안 말을 할 수 없었다. 독자 여러분은 흉내 내지 않길 바란다.

이다.

그러나 하와이가 '개척'되면서 플랜테이션 농업이 시작되자 숲은 베어져 나갔고, 하와이까마귀는 다른 까마귀와 달리 인간 가까이 다가가 먹이를 얻는 습성이 없었던 탓에 서식지를 잃었다. 여기에 농작물에 피해를 준다는 이유로 퇴치 대상이 되었다. 게다가 1826년에는 모기가 없던 하와이에 집모기가 들어왔고, 설상가상으로 여러 종의 외래 조류가 유입되면서 모기를 매개로 한 조류 말라리아가 섬 전역에 퍼졌다. 조류 말라리아는 새에게 그리 치명적인 병은 아니지만, 질병이 없는 환경에서 오랫동안 고립된 채 진화한 하와이의 조류들 대부분은 말라리아에 대한 면역력이 없던 탓에 치명적인 피해를 입었다.

그 결과 하와이까마귀의 개체 수는 급격히 줄어들었고, 2002년 무렵을 마지막으로 야생 개체는 확인되지 않았다. 이로써 개척으로 이미 크게 훼손된 하와이의 원시 식생은 중요한 씨앗 운반자마저 잃고 말았다. 이를 복구하기 위해 현재 하와이에서는 인공 사육 중인 하와이까마귀를 야생으로 되돌려 보내려는 복원 프로젝트▪가 진행되고 있다.

다만 야생 까마귀의 멸종이 하와이 자연에 어떤 영향을, 얼마나 끼쳤는지는 명확하지 않다. 까마귀뿐 아니라 다른 자연 요소들도 크게 변했기 때문에, 어느 부분이 까마귀 멸종의 직접적 결과인지는 판단하기 어렵기 때문이다. 그렇다 해도 하와이의 과거 자연을 회복하려면 씨앗을 퍼뜨려주는 하와이까마귀의 존재는 반드시 필요할 것이다.

까마귀는 포식자로서 곤충의 개체 수에도 영향을 미치고 있다. 물론 까마귀가 사라졌다고 갑자기 곤충의 수가 폭발적으로 늘어나는 등의 큰 변화는 없을지 모른다. 그러나 공원의 벚나무는 어느 정도 영향을 받을 수 있다. 벚나무에는 먹무늬재주나방의 커다란 애벌레가 사는데, 이 벌레를 매우 좋아하는 새가 바로 까마귀와 찌르레기이기 때문이다. 나무는 벌레가 잎사귀를 갉아먹는다고 해서 ─ 설령 남김없이 먹어 치운다고 해도 ─ 바로 말라 죽지는 않는다. 하지만 광합성을 담당하는 잎이 줄어든다는 것은 곧 생산력이 떨어진다는 뜻이다. 물론 잎을 풍성하게 유지하는 데 드는 비용은 줄겠지만, 생산량이 감소하면 나무가 성장

■ 하와이 이외에도 샌디에이고 동물원에서 인공 번식이 이루어지고 있다. 샌디에이고에서는 야생 복귀를 위해 하와이까마귀를 자연 상태에 가까운 초대형 새장(flying cage, 플라잉 케이지)에 옮겨 놓았는데, 그곳에서 갑자기 나뭇가지를 주워 도구를 만들기 시작하는 깜짝 행동이 관찰되었다. 실험 조건이 아닌 상태에서 자발적으로 도구를 만든 까마귀는 뉴칼레도니아까마귀에 이어 두 번째다. 참고로 뉴칼레도니아까마귀는 날씬한부리까마귀 등과 가까운 계통으로 추정되며, 하와이까마귀와는 그다지 가깝지 않다. 즉 도구 사용이 특정 계통에서만 나타나는 현상은 아니라는 뜻이다.

하고 꽃을 피우고 열매를 맺는 데 쓸 에너지도 줄어든다. 마치 경영난에 빠진 기업이 당장은 망하지 않더라도 새로운 사업을 벌일 여력이 없는 것과 같다.

이처럼 까마귀는 생태계의 중요한 구성원이자, 이곳저곳에 모습을 드러내는 존재다. 다시 말해 까마귀가 사라진다고 해서 생태계가 우르르 무너지지는 않겠지만, 그렇다고 아무런 영향도 없지는 않을 것이라는 뜻이다.

물론 '까마귀가 사라진다고 해서 세상이 송두리째 바뀌는 것은 아닐지도 모른다'라고 말하면 어딘가 애매모호하다는 건 나 자신도 잘 안다. 그렇다고 억지로 까마귀의 가치를 강조하는 것도 과학적으로는 정직하지 않다. 하지만 다양한 역할을 두루 해내는 이 '멀티플레이어'를 대신할 존재를 찾는 일이 결코 쉽지 않다는 것만은 확실하다.

이렇게 생태계 속에서 까마귀의 역할은 무엇인지 간략히 살펴보았다. 그런데 이 문제는 자연계뿐만 아니라, 우리 인간과도 깊은 관련이 있다.

까마귀의 식성과 행동은 인간이 까마귀를 어떻게 인식하는지에 영향을 미쳤고, 그것은 수많은 신화와 속설에 스며들어 있다.

'까마귀가 지붕에 앉으면 불길하다'라는 믿음은 아시아 전역에 퍼져 있는데, 이는 까마귀가 죽은 고기, 심지어 길가에 쓰러진 인간의 시체조차 먹이로 삼는 습성과 관련이 있다. 이런 인상은 고대에는 신화로, 오늘날에는 까마귀에 대한 보편적인 이미지로 인간 생활에 단단히 뿌리내렸다.

그리고 이러한 이미지는 당연히 인간의 창작 활동에도 반영되었다. 불길한 장면을 묘사하고 싶다면 불길한 이미지를 가진 존재를 등장시키기 마련이다. '말라죽은 나무, 묘지, 까마귀'와 '꽃밭, 하얀 집, 아기 새' 중 어느 쪽이 더 음산하게 느껴질지 생각해보면 쉽다. 이런 부분은 자연과학적 관점에서 보는 까마귀의 실체와는 다르지만, 그와 별개로 '인간이 그려온 이미지의 역사'라는 점에서는 사실이다.

따라서 까마귀가 사라진다면 인간이 만들어낸 문화 역시 영향을 받을 수밖에 없다. 좋든 싫든 까마귀는 그만큼 인간과 가까운 존재다.

그런데 최근 알게 된 사실이 있다.

까마귀는 수역水域과 육역陸域을 잇는 물질 순환에도 관여한다는 것이다. 대표적인 예가 연어다.

연어는 강에서 부화해 바다로 내려가 수년간 성장한 뒤, 다시 강을 거슬러 올라 산란하고 생을 마감한다. 즉 연어의 몸은 바다의 영양분으로 이루어져 있는 셈이다.

그 연어를 곰이 먹고, 남은 사체는 흰꼬리수리나 갈매기, 까마귀, 파리 등이 먹는다. 이처럼 육상 동물이 연어 사체를 섭취하면서 연어가 지니고 있던 바다의 영양분도 육지로 옮겨진다. 만약 사체가 물속에서 썩으면 강의 양분이 된다. 강에서는 연어 치어(어린 물고기)가 자라고, 수생 곤충도 자란다. 이렇게 성장한 수생 곤충 가운데 일부가 성충이 되어 하늘로 날아오르면 작은 새들의 먹이가 되고, 다시 육지의 영양분으로 이어진다. 이처럼 돌고 돌아 연어가 운반한 바다의 영양분은 숲과 강을 키우는 역할을 한다. 실제로 연어에서 비롯된 해양 영양분이 강 주변 숲을 키운다는 연구[5]도 있다. '섭취된 영양분이 어디에서 온 것인지 어떻게 알 수 있지?'라는 의문이 들 수도 있겠지만, 안정동위원소 비율을 통해 물질의 기원을 추적할 수 있다(안정동위원소는 방사성 붕괴를 일으키지 않는 동위원소를 가리키며, 300쪽 5번 주의 $\delta^{15}N$과 $\delta^{13}C$는 각각 ^{15}N와 ^{14}N, ^{13}C와 ^{12}C의 비율을 뜻한다—역주).

게다가 미국 북동부에서는 연어 사체를 먹는 동물 중에 까마귀가 상당히 중요한 위치를 차지한다[6]고 한다. 물론 맹금류(예를 들어 흰머리수리)나 갈매기도 있지만, 까마귀의 강점은 인간이 근처에 있어도 별로 개의치 않고, 연어 사체가 없더라도 다른 먹이를 먹으며 살아갈 수 있다는 점이다. 연어 사체가 늘어나는 시기에 큰 활약을 펼치는 까마귀는 말하자면 '믿음직한 아르바이트생' 같은 존재인 셈이다. 까마귀가 사체만 먹는 종이었다면 사체가 줄어드는 시기에는 개체 수도 크게 제한될 수밖에 없었을 것이다.

이처럼 까마귀는 바다와 육지를 잇는 생명의 순환이 지속될 수 있게 하는 존재다.

제2장

생명의 역사에서
까마귀가 지워진다면

처음부터 까마귀가 없는 세계

앞 장에서는 '생태계에서 까마귀가 사라진' 미래상을 잠시 그려보았다. 그러나 그것은 '이미 형성되어 있는 생태계에서 까마귀라는 퍼즐 한 조각을 빼낸다면'이라는 뜻이었다. 이번에는 또 다른 관점으로, 생물의 역사 속에 애초부터 까마귀가 존재하지 않았다면 어떨지 생각해보자.

진화의 역사에서 까마귀를 지워버린다면 까마귀가 맡았던 생태학적 지위는 다른 새들이 대신 차지할 가능성이 크다. 아무도 이용하지 않는 자원이나, 누구도 손대지 않은 서비스가 있다면, 그 틈새를 놓치지 않고 새로운 업종이 생겨나는 것과 같은 이치다.

예컨대 오스트레일리아에서는 유대류가 다양하게 진화했다. 그 모습은 기묘할 만큼 오스트레일리아 밖의 세계, 즉 유대류와 달리 태반이 있어 자궁에서 오랫동안 새끼를 기르는 이른바 '보통의' 포유류 세계와 비슷하다.

오스트레일리아에는 늑대나 코요테 대신 주머니늑대(태즈메이니아 타이거)가 있다. 작은 포식자로는 주머니고양이가 있는데, 이는 족제비나 담비 같은 종에 해당한다. 초원에 사는 대형 초식동물로는 캥거루가 있고, 소형 잡식성 동물, 즉 쥐에 해당하는 존재로는 반디쿠트도 있다. 심지어 사지 사이에 피막을 펼쳐 활공하는 주머니날다람쥐나 땅속을 능숙하게 파는 주머니두더지 같은 동물까지 존재한다.

이런 점을 고려하면 시간을 되돌려 동물의 진화를 다시 시작하는 실험을 했을 경우, 완전 똑같은 멤버들이 모이지는 않더라도, '대체로 비슷한 느낌'의, '그 역할에 맞는' 생물이 진화해 빈 생태적 지위를 메울 가능성이 높다. 즉 까마귀가 진화하지 않았더라도 중형에서 대형에 이르는 잡식성의, 때로는 사체를 먹는 새가 진화했을 것이라는 이야기다. 어쩌면 한 종이 아니라 여러 종이 그 역할을 나누어 맡았을지도 모른다.

그렇다면 여기서부터는 조금 억지일지도 모르지만, 어떤 존재가 까마귀의 대역이 될 수 있을지를 생각해보고자 한다. 지적인 놀이로도 흥미롭고, 혹은 억지스러운 상상에 불과할 수도 있지만, 그런 과정을 통해 '까마귀는 어떤 역할을 하고 있는가', '그 자리를 대신 메우려면 얼마나 무리해야 하는가' 같은 점이 드러날지도 모르기 때문이다.

우선 전제 조건으로 까마귀가 언제 진화했는지를 살펴보면, 아, 벌써 막혔다. 조류는 뼈가 약해서 화석으로 잘 남지 않기 때문이다.

그러나 큰 틀에서 보면, 현생 조류의 진화 과정은 어느 정도 밝혀지고 있다. 현생 조류의 기원이 된 신조류Neoaves는 약 7천만 년 전, 지금의 남아메리카 일대에 이미 존재했다. 당시에는 곤드와나 초대륙이 완전히 갈라지지 않아 남아메리카와 오스트레일리아가 이어져 있었고, 유라시아 대륙도 아직 분리되지 않은 상태였다. 덕분에 새들은 오세아니아와 유라시아 지역으로까지 이동할 수 있었다. 그 뒤 참새목의 다양화가 본격화된 것은 에오세Eocene(약 5,600만 년 전~3,400만 년 전) 말기, 즉 약 3천만 년 전이다. 까마귀상과Corvoidea(과의 상위분류를 상과, 하위분류를 아과라고 한다―역주)는 이 무렵부터 분기하기 시작했다고 보아도 무방하다. 한편, 유럽과 아메리카의 까마귀속 사이에 공통점이 거의 없다는 점을 보면, 에오세 시기에는 아직 까마귀속이 진화하지 않았을 가능성이 크다. 에오세 당시 유럽과 아메리카는 지금보다 가까웠고, 생물 교류가 있었으므로 이미 까마귀가 존재했다면 두 대륙에 공통된 까마귀속이 분포했을 것이다. 현재 유라시아와 아메리카에 공통으로 분포하는 까마귀속은 큰까마귀뿐이다. 이는 매나 물수리처럼 비행 능력이 뛰어나 전 세계에 걸쳐 분포하는 종이다.▪

주의해야 할 점은 남아메리카에는 현재 까마귀가 전혀 분포하지 않고, 과거에 분포했다는 증거조차 없다는 사실이다. 따라서 까마귀류의 조상은 오세아니아에서 아시아 쪽으로 퍼진 무리에서 비롯된 것이고, 그 무렵에는 이미 남아메리카가 떨어져 나와 고립된 대륙이 되었다고 보는 편이 타당하다. 즉 까마귀 조상의 역사가 수천만 년 단위라는 사실만은 확실한 것이다. 까마귀 종수가 가장 많이 서식하는 지역은 아시아지만, 까마귀와 가까운 계통의 새들은 오히려 오스트레일리아에 많다. 까마귀 자체가 오세아니아에서 다른 조류와 갈라져 나온 뒤, 아시아를 거쳐 유럽으로 진출하며 다양한 종으로 분화한 것이라고 추정할 수 있다.

까마귀과로 보이는 화석이 유럽과 북아메리카에서 몇 점 발견되었다. 오래된 사례로 1871년에 기록된 미오코르부스 라르테티 *Miocorvus larteti* 화석도 그중 하나다. 이는 유럽에서 발견된 것으로

▪　까마귀과 가운데서는 까치가 신대륙과 구대륙 양쪽에 분포한다.

약 1,700만 년 전에서 320만 년 전 사이, 아마도 마이오세Miocene 시대에 살던 새로 보인다.**7** 마이오세란 공룡 멸망 이후인 신생대의 한 시기로, 약 2,300만 년 전부터 500만 년 전까지를 가리킨다.

이 미오코르부스는 안타깝게도 머리뼈가 발견되지 않아 까마귀와 얼마나 유사했는지는 알 수 없다. 다만 발자국 화석으로 보아 나무 위에서 생활했던 것으로 보인다.

마이오세 무렵에는 세계 대륙의 배치가 지금과 크게 다르지 않았다. 유럽 알프스를 만든 조산 운동도 이 시기에 일어났고, 히말라야산맥은 올리고세Oligocene(약 3,400만 년 전~2,300만 년 전)에 인도판과 아시아판이 충돌하면서 형성되기 시작해, 마이오세 이후에도 계속 서로를 밀어붙인 결과 지표면이 솟아올라 만들어진, 말하자면 '대륙의 주름'이다.

한편 북아메리카와 남아메리카는 떨어져 있었고, 유라시아와 북아메리카는 몇 차례 이어졌다 끊어지기를 반복하며 동물들이 두 대륙 사이를 이동할 수 있었다(이후에도 동물의 왕래가 끊이지는 않았다). 이때 까마귀 조상도 유라시아에서 북아메리카로 건너갔을 것이다. 실제로 마이오세 말기에서 플라이오세Pliocene(약 500만 년 전~260만 년 전)에 접어들면 북아메리카에서도 까마귀과 화석이 발견된다. 그리고 플라이오세 말기인 약 300만 년 전에는 남아메리카와 북아메리카 대륙이 합쳐지면서 두 대륙의 생물이 자유롭게 오가기 시작했다.

따라서 까마귀가 없는 역사를 가정하려면 미오코르부스가 살던 시기, 대략 1,500만 년 전까지 거슬러 올라가 역사를 다시 써야 할 것이다.

이런저런 설정을 덧붙여가며 상상한 미래

'만약 ○○라면 미래는 어떻게 바뀌었을까?' 이런 가정 위에서 펼쳐지는 작품은 많다. 시간여행을 소재로 한 SF 작품도 그렇고, 가상의 역사를 그린 소설들도 마찬가지다. 예컨대 SF의 거장 필립 K. 딕의 『높은 성의 사나이』는 실제 역사에선 패전한 추축국이 제2차 세계대전에서 승리하여 미국을 분할 통치한다는 설정의 소설이다. 그와 비슷한 설정이면서 현대판이라 할 만한 소설이 피터 티에야스의 『유나이티드 스테이츠 오브 재팬』일 것이다. 한때는 이런 가상 전쟁을 소재로 한 대체 역사 소설이 마구 쏟아져 나오기도 했는데, 대부분 짜임새가 졸속하고 내용이 황당무계해서 전쟁사나 무기 마니아들에게 '황당무계한 소설'이란 조롱을 받기도 했다.

생물 분야 작품으로는 영국의 생물학자이자 작가인 두걸 딕슨의 『애프터맨』(우리나라에서는 『인류 시대 이후의 미래 동물 이야기』라는 제목으로 번역되었다—역주)이 있다. 이 책은 5천만 년 후의 세상을 그린 공상과학 인문서로, 상당히 기묘한 생물들이 등장한다. 예컨대 이 세계에서는 대부분의 포유류가 멸종했지만 육식성 설치류나 발굽을 가진 대형 토끼는 살아남았고, 바다에는 고래만큼 거대해진 펭귄이 산다. 그중에서도 가장 기괴한 녀석은 고립된 섬에 정착해 진화한 박쥐다.

이들은 포식자도 경쟁자도 없는 환경에서 발산 진화(환경에 적응하는 과정에서 다양한 생태적 지위에 걸맞게 진화한 결과 여러 종으로 나뉜 현상―역주)한 박쥐들 가운데 나이트스토커night stalker라는 종인데, 지상에 적응하면서 포식자로 진화했다는 설정이다. 자세한 내용은 책을 직접 읽어보길 권하지만 이들은 본래 날개였던 앞다리를 걷는 데 쓰고, 뒷다리는 어깨를 넘어 몸 앞까지 쭉 뻗어 손 대신 사용하며 지상 생활에 적응했다고 한다. 참으로 기발한 방식이다. 황당하게 들릴지도 모르지만, 실제로도 포식자가 없는 섬에서는 박쥐가 땅 위를 뒤뚱뒤뚱 걸어 다니며 곤충을 잡아먹는 사례가 있다(가와카미 가즈토, 『조류학자 무모하게도 공룡을 말하다』). 그렇다면 굳이 먹잇감을 곤충으로만 한정할 필요는 없다. 지상에서 민첩하게 움직이고 공격력을 높일 수 있다면 더 큰 먹잇감도 사냥할 수 있다(실제로 나이트스토커는 키가 1.5미터라는 설정이다). 생태학적 지위라는 관점에서 보면 충분히 그럴듯한 설정이다. 다만 요가 자세라도 잡은 듯한 그 모습은 꽤 충격적이다.

물론 지적하고 싶은 대목도 있다. 우선 박쥐의 뒷다리는 180도 반전된 구조여서 다리를 쭉 뻗고 천장을 향해 반듯이 누우면 발바닥이 위를 향하게 된다. 이는 천장에 거꾸로 매달리기 위해 적응한 구조다. 그런데 그 상태에서 뒷다리를 머리 쪽으로 뻗으면 먹이를 잡는 기관인 발바닥이 위를 향한 상태가 되어버린다. 차라리 땅에 눌러 제압하는 쪽이 더 자연스럽지 않을까? 그렇다면 '나이트스토커'는 애써 진화한 그 특수한 다리를 다시 반 바퀴 틀어 원래대로 돌려야 했을 것이다. 꽤 번거로운 일이다.

또 하나, '나이트스토커'는 박쥐였다는 점을 강조하기 위해서 인지 눈이 퇴화했다는 설정이 있다. 그렇다면 반향 위치 측정 echolocation으로 먹이를 찾을 텐데, 설정에 따르면 날카로운 비명을 지르며 이곳저곳을 걸어 다닌다고 한다.

반향 위치 측정이란, 음파를 내보낸 뒤 어딘가 부딪혀 되돌아오는 반향을 감지해 그 대상을 파악하는 방식이다. 주변에 물체가 있으면 소리가 되돌아오기 때문에 존재를 탐지할 수 있고, 또 반향이 돌아오기까지 걸린 시간으로 거리를 알 수 있다. 공기 중 음속은 초속 약 340미터이므로, 가령 5미터 앞에 목표물이 있다면 발사된 음파가 목표물에 닿아 반사되어 돌아오기까지의 거리는 10미터이다. 걸린 시간은 불과 0.03초이지만, 박쥐는 이 미세한 시간차를 정밀하게 계산할 수 있다.

하지만 문제는 이 방식을 과연 지상에서도 제대로 쓸 수 있느냐는 점이다.

인간이 자주 사용하는 기술 가운데 하나가 레이더다. 레이더는 음파가 아니라 전파를 발사하고, 반사된 전파를 통해 목표물을 탐지하는 기술이지만, 원리는 '반향 위치 측정'과 매우 비슷하다. 이걸 예로 들어 생각해보자.

전투기는 레이더를 탑재하고 있다. 전투함 역시 레이더가 있다. 그런데 전차에는 기본적으로 레이더가 없다.■ 레이더는 장애물에 취약하기 때문이다.

공중에서 레이더를 사용한다고 가정해보자. 목표물에 닿지 못한 전파는 허공으로 사라지고, 목표물에 맞아 반사된 전파만이 되돌아온다. 따라서 공중에서 전파를 반사하는 대상이 있다면 그것이 바로 목표물이다. 바다에서도 마찬가지다. 전파를 쏘아봤자 하늘이거나, 파도에 부딪히는 정도일 것이다. 이때 수면 위로 돌출되어 파도와는 다른 양상으로 전파를 반사하는 것이 있다면 그게 바로 목표물이다. 하지만 지상은 다르다. 전파를 보내더라도 목표물에 도달하기 전에 엉뚱한 곳에 먼저 닿기 쉽다. 목표물

■ 전차의 능동방호체계(APS, 날아오는 대전차 미사일을 탐지하여 요격하는 장치)에 레이더를 활용하기도 하지만, 현재로서는 사례가 한정적이다.

의 주변에 있는 여러 물체가 각기 다른 방식으로 전파를 반사시켜버릴 것이다. 그 결과 무언가 감지된다는 보고를 전방위에서 받게 되므로, 그중에서 목표물을 식별하기가 매우 어려워지는 것이다.[■]

이것은 음파를 사용하는 반향 위치 측정에서도 마찬가지다. 즉 나이트스토커가 다가올 때는 함부로 움직이면 안 된다. 바위든 나무 기둥이든 몸을 바짝 붙여 표면과 동화된 듯 가만히 있어야 한다.

실제로 곤충 가운데 박쥐가 쏜 초음파를 감지하면 나무 기둥에 가만히 달라붙는 것들이 있다. 박쥐가 자신의 존재를 모른 채 지나가기를 기다리는 것이다. 박쥐도 표면에 닿을 듯이 낮게 날며 초음파를 발사해 돌출된 물체를 찾아내려 하지만, 배경 속에 녹아든 듯 숨어 있으면 발견하기 어렵다.

이렇게 먹잇감이 포식자 회피 전략을 세우기 시작한다면 지상에서 활동하는 박쥐는 어떻게 해야 할까?

내 생각에 '나이트스토커'의 가장 큰 문제는 자기 입으로 큰

■ 자동차의 위험 감지 시스템에 극고주파 레이더를 활용하기도 한다. 대상이 벽인지 벽 앞에 서 있는 사람인지 구별할 필요 없이 레이더를 반사하는 대상이 차 가까이에 있으면 반응하는 원리이기에 가능하다. 반사 대상이 인간인 경우를 찾아내려면 시각 인식 시스템이 필요하다.

소리를 내며 접근 사실을 알리고 다닌다는 점이다.

올빼미는 어두운 밤에도 소리만으로 먹잇감의 위치를 정확히 파악해 사냥할 수 있다. 게다가 비행 중에도 소음을 내지 않는다. 올빼미류의 날개깃 앞부분에는 톱니 모양 구조가 있는데 이것이 작은 소용돌이를 만들어 공기의 흐름을 작게 나눔으로써, 올빼미의 날갯짓 소리를 줄여준다. 올빼미는 자신의 먹잇감을 탐지할 때 방해받지 않도록, 또 먹잇감에게 들키지 않기 위해 소리 없이 비행하는 것이다.

올빼미의 소리 탐지 능력을 조사한 연구에 따르면, 오차 범위가 좌우 2도 이내라고 한다. 각도로 2도의 오차라면 10미터 떨어진 거리에서도 지름 70센티미터의 원 안까지 범위를 좁혀 대상을 찾아낼 수 있다는 뜻이다.▪ 다만 정확한 거리는 측정하기 어려울 것으로 추측하고 있다. 따라서 이 경우는 소리의 크기를 가지고 경험적으로 판단하거나, 희미하게라도 지면이 보이거나, 혹은

▪ 인간의 귀도 조건에 따라서는 올빼미 수준으로 소리가 나는 위치를 탐지할 수 있다고 한다. 나 역시 귀로 큰유리새의 울음소리를 듣고 위치를 예측한 다음 쌍안경으로 확인하는 실험을 한 적이 있다. 생각보다 정확도는 높았지만, 수평 방향으로 5도 정도 차이가 났다. 주파수 영역 등 상황에 따라 다르겠지만 올빼미를 따라잡기는 어려울 듯하다. 수직 방향의 정확도는 더 낮아서, 20~30도 정도 차이가 났다.

자기 영역의 지형을 완전히 기억하고 있다는 전제하에 가능한 것이다. 나이트스토커도 이 방법을 쓰면 들키지 않고 사냥감을 잡을 수 있다.

또 메기의 수염 같은 기관을 여러 개 발달시켜 휘두르면서 상대와의 거리를 재는 방법도 있다. 상대에게 닿는 순간, 그 위치와 거리를 확실히 파악할 수 있으니 그대로 공격하면 된다.▪ 그러나 대략적으로라도 상대의 위치가 확인되지 않으면 수염을 휘두르며 이리저리 헤맬 수밖에 없다.

내가 제안하고 싶은 방법은 오히려 상대의 허를 찌르는 시각 활용이다. 사실 박쥐라고 해서 눈이 전혀 안 보이는 것은 아니다. 황혼 무렵에는 시각을 꽤 많이 활용한다는 사실이 밝혀진 바 있다. 실제로 곤충과의 경쟁 끝에 반향 위치 측정을 버리고 시각만

▪ 소리만으로 '사냥'하는 대표적인 무기가 잠수함이다. 소나(SONAR, 음파탐지기)에는 능동 소나와 수동 소나 두 종류가 있는데, 평상시 잠수함은 신호를 내보내지 않고 오로지 듣기만 하는 수동 소나를 사용한다. 발사된 어뢰는 목표물에 접근하면 능동 소나를 사용해 음파를 발신하고 반사파를 포착해서 명중할 때까지 추적하며, 목표물에 명중하면 어뢰는 폭발한다. 나이트스토커는 바로 물어뜯으려고 입을 벌리고 달려들면서 충돌하기 전에 상대방 위치를 확인하고자 한다. 그래서 생각해낸 방법이 '메기의 수염'인데, 앞다리로 걸으면서 뒷다리를 앞으로 뻗은 동시에 수염까지 휘두르며 쫓아오는 박쥐를 상상하니 상당히 기괴했다. 나이트스토커가 아니라 나이트메어nightmare 아닌가.

을 주로 사용하도록 진화한 박쥐도 존재한다.

따라서 나는 이렇게 예상해본다. 나이트스토커를 피하려고 덤불이나 벽에 바짝 붙어 가만히 있는 먹잇감을 눈으로 찾아내 공격하는 포식성 박쥐도 진화할 것이라고. 이 생물은 발달한 눈을 가지고 있을 테니, 이름을 '버그아이bug-eyed'라고 붙여두자.

버그아이에게는 반향 위치 측정이 필요 없다. 하지만 먹잇감을 얼어붙게 만들기 위해 전략적으로 나이트스토커와 똑같은 소리를 낼 수도 있다. 먹잇감이 소리를 듣고 "나이트스토커다!" 하고 꼼짝 않고 있으면, 버그아이가 눈으로 발견해 잡아먹을 수 있기 때문이다. 그러나 이 전략은 나이트스토커가 주변에 많이 서식할 때에만 효과가 있다. 버그아이의 개체 수가 늘어나면 먹잇감이 버그아이를 만날 확률도 높아진다. 그러면 울음소리를 듣는 순간 "버그아이다!" 하고 도망치는 편이 먹잇감에게는 유리하다. 물론 그렇다고 해서 완전히 안전해지는 것은 아니지만, 움직이는 상대를 붙잡는 것은 훨씬 더 어렵기 때문이다. 게다가 경쟁자인 나이트스토커에게도 먹잇감을 더 쉽게 찾을 수 있도록 만든다. 따라서 버그아이가 번성할수록 이 '나이트스토커 위장 전략'은 오히려 무용지물이 될 것이다.

그런 상황이 온다면 먹잇감 쪽은 어떻게 대응해야 할까. 포식자를 정확히 구별해 각각에 맞는 방법으로 도망치는 수도 있고,

어느 쪽이든 통하는 방법으로 대응할 수도 있다. 은폐물에 몸을 숨기거나, 땅속으로 파고들거나, 나무 위로 도망치는 방법으로 말이다. 그러면 포식자 쪽은 더 빠르게 공격하거나 더욱 교묘하게 매복하게 될 것이다. 즉 아주 자연스러운 포식자와 피식자의 경쟁이 시작되는 셈이다.

다소 과한 상상일 수 있으나, 충분히 일어날 수 있는 일이다.

도토리를 저장하는 습성으로 유명한,
까마귀과에 속하지만 까마귀속은 아닌 **어치**

까마귀의 ~~대역~~ 대역 후보

대역 후보 0 : 저기요, 혈연자는 안 되나요?

이 세계에 까마귀속이 존재하지 않는다는 가정을 세워보자. 그렇다면 까마귀속을 제외한 나머지 까마귀과는 존재한다는 얘기다. 여기에 포함되는 것은 어치, 긴꼬리까치, 까치, 물까치, 잣까마귀, 노랑부리까마귀, 갈까마귀 등이 있다. 모두 까마귀와 생활양식이 비슷한 녀석들이다.

대부분 잡식성으로, 서식지에 따라 차이는 있지만 과일도 먹고 도토리도 먹으며 작은 동물도 사냥한다. 때로는 다른 새의 둥지를 습격해 알이나 새끼를 먹는 둥지 포식자nest predator이기도 하다.

고산성高山性인 노랑부리까마귀는 절벽에도 둥지를 트는데, 이는 다른 까마귀들에게서도 볼 수 있는 모습이다. 예를 들면 큰까마귀나 큰부리까마귀 역시 해안 절벽에 둥지를 튼 사례가 있으며, 드물지만 송장까마귀가 지상에 둥지를 틀었다는 기록도 있다. 보통 새의 둥지 모양은 위가 뚫린 접시 형태이다. 큰 공 모양의 닫힌 형태의 둥지를 만드는 까치가 예외적이라 할 수 있다.

따라서 까마귀속이 존재하지 않는다면, 다른 까마귀과 조류들의 몸집이 커져 빠르게 그 생태적 지위를 메우게 될 것이고, 그로 인해 생활양식도 크게 달라지지는 않을 것이라고 예측할 수 있다.

가장 어처구니없는 미래는 몸집이 커진 갈까마귀와 서양갈까마귀가 까마귀의 자리를 차지하고선 "우리는 갈까마귀속이니까 까마귀가 아니에요" 하고 우겨대는 경우다. 어차피 '거의 까마귀'인 만큼 까마귀가 되는 것도 어렵지는 않겠지만, 그러면 너무 싱겁고, 괜히 얄밉다.

따라서 이 경우는 기각하고 싶다. 어차피 가정이라면 좀 더 상상력을 발휘해 즐겨야 하지 않겠는가.

그렇다면 까마귀과보다 범위를 넓혀, 까마귀상과를 살펴보면 어떨까. 상과superfamily라는 분류 단위는 조류학자나 분류학자가 아니면 잘 쓰지 않지만, 대충 '범위를 약간 더 넓혔을 때 친척으로 볼 수 있는 관계'를 가리킨다. 까마귀상과에도 '좁은 의미의 까마귀상과'와 '넓은 의미의 까마귀상과'가 있으며, 그 분류의 타당성은 여전히 의견이 분분하지만, 우선 좁은 의미의 까마귀상과, 즉 '이 정도면 꽤 까마귀과에 가깝다'고 할 만한 무리들을 살펴보자.

여기에 포함되는 것은 때까치과, 바람까마귀과, 부채꼬리딱새과, 긴꼬리딱새과, 오스트레일리아흙등지새과, 극락조과가 있다. 평소 들어보지 못해 낯선 이름이 꽤 많을 것이다. 부채꼬리딱새과, 오스트레일리아흙등지새과, 극락조 이 세 과는 오스트레일리아 부근에서만 볼 수 있다. 긴꼬리딱새과는 아프리카와 유라시아 등 구대륙에도 서식하므로 분포 지역이 더 넓다. 일본 등지에 서식하는 긴꼬리딱새가 대표적이다. 바람까마귀과는 유라시아에서 아프리카에 걸쳐 비교적 널리 분포한다. 때까치과는 잘 알려진 대로 유라시아에서 아프리카, 그리고 북아메리카까지 광범위하게 분포한다.

범위를 더 넓혀 넓은 의미의 까마귀상과(대략 까마귀 친척쯤 된다)까지 포함하면 때까치딱새과, 오스트레일리아동고비과, 비레오새과, 채찍새과, 꾀꼬리과가 추가된다. 하지만 이들은 일본에서는 거의 알려지지 않았고, 세계적으로 널리 분포하지도 않는다. 꾀꼬리과는 유럽, 아프리카, 아시아, 오스트레일리아에 걸쳐 퍼져 있지만, 아메리카 대륙에는 존재하지 않는다. 그에 비해 까마귀과는 전 세계적으로 분포한다는 점에서는 상당히 성공적인 그룹이라 할 수 있다.

솔직히 이쯤에서 생각해보니 가정에 가정을 덧붙이느라 상상력이 따라가지 못할 지경이다. 두 갈래 꼬리를 나부끼며 날아다니는 검은바람까마귀나 화려한 장식을 뽐내는 까마귀극락조라든가, 한 번쯤 보고 싶은 마음은 들지만…….

그래서 여기서는 진화적으로 가까운 그룹을 대역 후보에 올리려는 시도는 포기하기로 한다. 오히려 '진화상으로는 전혀 관련이 없는데도 까마귀의 생태적 지위를 차지할 만한 새는 뭐가 있을까'를 생각해봐야겠다. 아마도 '어떤 새가 재미있을까'라는 쪽으로 치우칠지도 모르지만, 라군상회의 보스 더치도 "재미있다는 건 중요한 일이야"라고 말했으니, 그걸로 충분히 괜찮을 성싶다.■

또 하나. 까마귀상과가 진화할 경우, 예상치 못한 문제가 생길 위험도 있다. 특히 주의해야 할 것은 때까치딱새과와 꾀꼬리과다. 이들 속에는 독성을 지닌 새가 포함되어 있기 때문이다.

1만 종가량 되는 조류 가운데 독을 가진 새는 없다고 여겨져

■ 히로에 레이의 만화 『블랙 라군』의 등장인물. 터프하고 지적인 괴짜로 정체가 아직 밝혀지지 않았는데, 궁금하니까 빨리 후속권이 나오면 좋겠다.

응원단처럼 화려한 구애의 춤을 추는 극락조과의 **빅토리아소총새**

왔다. 그러나 1990년에 뉴기니 섬에 사는 두건피토휘라는 새가
독성을 지니고 있음이 밝혀졌다.▪ 이후 가까운 친척 5종이 추가

▪ 중국에는 독이 있는 짐새鴆의 전설이 전해 내려온다. 짐새의 깃털을 잔에 담그
면 무시무시한 독주가 되고, 이 술을 마시면 그 자리에서 죽는다고 한다. 뉴기니
섬에서 발견된 피토휘의 깃털에도 독이 있으니 이 전설에 부합하는 셈이다. 그러
나 '깃털 하나로 사람이 죽을' 정도는 아닌 모양이다. 한 연구자가 포획해서 표식
을 달던 중 물렸는데 이상한 통증과 마비를 느꼈고, 혹시나 해서 깃털을 혀에 댔
더니 마비가 오기에 독이구나 직감하고 조사함으로써 이 새에 독이 있다는 사
실이 밝혀졌다고 한다. ……이런 순발력과 발상에는 존경을 표하지만, 느닷없이
자기 몸으로 시험하다니 지나치게 대담한 행위이지 않나.

로 유독하다는 사실이 밝혀졌고, 또 다른 2종에서 독이 확인되거나 동일종으로 여겨졌던 것이 분리되는 등 '독조'의 수는 점차 늘어났다. 그리고 2023년에는 갈색가슴방울새와 리젠트휘파람새 두 종도 유독하다는 것이 새롭게 판명되었다. 따라서 꾀꼬리과와 때까치딱새과의 일부가 독을 지니고 있을 가능성은 부정할 수 없다.

이처럼 독이 있는 새들은 먹잇감인 의병벌레과_Melyridae_ 곤충으로부터 호모바트라코톡신homobatrachotoxin이라는 신경독을 섭취해 피부와 깃털, 그리고 살 속에 독을 축적한다. 목적은 아마도 포식자의 습격에 대한 방어일 것이다. 실제로 현지인들은 이 새들을 '고추처럼 알싸해서 먹을 수 없는 새'로 인식하고 있다.

따라서 만약 때까치딱새과를 까마귀의 대역으로 삼는다면 독을 품고 있을 가능성도 배제할 수 없다. 물론 까마귀를 일상적으로 먹는 문화는 없는 듯하니 독성이 있어도 크게 문제 되지는 않을 것이다. 게다가 독이 있다고 한들 그 무리가 크게 번성해서 세계로 퍼져나간 것도 아니고, 실제로 유독한 종은 극히 일부이며, 서식지도 현재로서는 뉴기니 섬에만 한정되어 있다. 그러나 만약 독이 있는 새가 까마귀의 자리를 차지하게 된다면 지금의 까마귀보다 훨씬 더 미움을 사게 될 것은 틀림없다.

그런 미래를 상상하는 건 괴로우니, 역시 배제해야겠다.

대역 후보 1 : 청소부 역할의 새들

까마귀의 가장 큰 특징 가운데 하나가 스캐빈저(청소동물)라는 점을 떠올리면, 대체할 동물로 가장 먼저 떠오르는 존재는 역시 사체 식성을 가진 새들일 것이다.

그런데 이 부분은 그렇게 단순하지만은 않다. 왜냐하면 많은 포식 동물들이 사체'도' 먹기 때문이다. 오히려 살아 있는 먹이만 고집하는 경우가 드물다. 극단적으로 말하면 많은 동물■이 먹이가 살아 있든 죽어 있든 크게 상관하지 않는다. 물론 '아직 살아 있는 고기'와 '방금 죽은 고기', 그리고 '조금 전 죽은 고기'를 구분하지 않는 건 아니지만, 결국 입에 들어가면 똑같은 고기일 뿐이다. 상대가 움직이면 사냥하기 어렵고, 공격을 유발한다는 차이는 있지만, 영양 면에서는 거의 차이가 없다. 따라서 맹금류 가운데도 사체를 즐겨 먹는 종이 제법 있다는 점은 기억해둘 필요가 있다.

청소동물이라 하면 가장 먼저 떠오르는 건 역시 독수리와 콘도르다. 독수리는 아프리카에서 유라시아에 걸쳐 분포하고, 콘도

■ 기생 생물은 숙주의 생리 기능을 이용해 살아가므로 상대가 죽으면 기생할 수 없다. 진드기처럼 숙주의 표면에 붙어사는 외부기생충도 숙주가 죽으면 바로 몸에서 떨어진다.

르는 아메리카 대륙에 분포한다. 이 밖에도 남아메리카에는 다소 특수한 경우로 매과에 속하면서도 사체 먹이에 적응한 카라카라라는 새도 있다.

애초에 남아메리카에는 까마귀속이 분포하지 않는다. 까마귀가 사는 곳은 멕시코까지다. 그 이유는 잘 알려지지 않았지만, 아마도 지질학적 역사와 관련이 있을 것으로 추측한다.

남아메리카는 중생대 백악기에 서곤드와나West Gondwana 대륙에서 떨어져 나왔고, 신생대 중반이 되어서야 북아메리카와 이어졌다. 한편 까마귀류의 발상지로 여겨지는 오스트레일리아▪부근은 백악기에 동곤드와나East Gondwana로부터 분리된 대륙이다. 까마귀의 조상이 분화한 것은 신생대에 들어와서였으므로, 까마귀

▪ 2005년에 발표된 까마귀속 내 계통 관계를 조사한 연구를 보면 오스트레일리아 근방의 까마귀속이 비교적 잘 정리되어 하나의 클러스터로 묶여 있다. 다만 까치를 외부 집단으로 해석한 결과, 까치와 가장 가까운 종은 갈까마귀류, 그다음은 큰까마귀가 포함된 그룹이었고, 오스트레일리아의 까마귀는 세 번째로 분기한 그룹에 속했다.

위 연구 결과는 '까치와 까마귀속이 다른 참새목에서 분기한 지방은 환북극 지역이며 이를 기점으로 오스트레일리아로도 퍼져나갔음'을 시사한다. 하지만 오스트레일리아를 고향으로 가정하면 설명이 조금 까다로워진다.

한편 약간 오래된 연구지만, 까마귀에 가장 가까운 종은 극락조류라는 설도 있다. 이 설에 따르면 까마귀속의 고향은 뉴기니섬 혹은 오스트레일리아 북부가 된다. 어느 쪽이 정답인지는 아직 판명되지 않았다.

가 전 세계로 퍼져나가는 시기에 남아메리카는 여전히 고립되어 있었고, 오스트레일리아에서 보면 지구 반대편에 놓인 땅이었다.

결국 까마귀속은 북아메리카에 진출해 최종적으로 멕시코까지는 들어갔지만, 남아메리카에는 들어가지 못했다. 그런 점을 고려하면 까마귀속은 북쪽을 거쳐 유라시아에서 아메리카로 들어온 것으로 보는 것이 가장 자연스럽다.

흥미로운 점은 남아메리카에서 까마귀의 생태적 지위를 대신하고 있는 것이 콘도르류라는 사실이다. 게다가 콘도르는 남아메리카와 중앙아메리카, 북아메리카 남부까지만 분포한다. 콘도르 화석은 약 260만 년 전에서 1만 2천 년 전 사이의 플라이스토세 pleistocene에 남북 아메리카에서 발견되고 있으며, 다른 지역에 살았던 흔적은 없는 듯하다. 그렇다면 전 세계로 분포 지역을 넓혀간 까마귀속이 남아메리카에 진출하려 했을 때 이미 그곳에는 청소동물로서 확고히 자리를 잡은 콘도르가 있었고, 그 생태적 지위(비유하자면 '시장 점유율')를 빼앗을 수 없었던 것은 아닐까. 실제로 까마귀과 가운데서도 청소동물에 특화되지 않은 삼림성(숲을 주된 생활 터전으로 삼는) 중형 조류인 긴꼬리까치는 남아메리카에도 분포하고 있다. 이들은 주로 과일과 작은 동물을 먹는다.

물론 북아메리카에는 콘도르와 까마귀가 공존하고 있으므로 이 가설에는 약점이 있다는 점도 인정해야 한다. 그럼에도 불구

독수리

카라카라

콘도르

차세대 청소동물

하고 여기서는 '까마귀와 콘도르가 청소동물의 지위를 두고 경쟁하고 있다'고 가정해보자.

그렇다면 만약 세상에 까마귀가 없었다면 어떻게 되었을까. 남아메리카에서 북아메리카로 진출한 콘도르 앞에는 라이벌이 없었을 것이다. 그들은 한랭한 기후에 적응하면서 북상하여 베링 해협을 건너 아시아에 진출, 나아가 유라시아 전역으로 퍼져나갔을 가능성도 완전히 배제할 수는 없다. 다만 시간이 충분했는가 하는 점은 의문이다.

앞서 말했듯이 이 책에서는 까마귀속의 등장을 길게 잡아도 약 1,500만 년 사이로 추정한다. 그렇다면 종이 '분화하는 데 필요한 최단 시간'은 얼마나 될까?

예를 들어 인도의 큰부리까마귀는 최근에 코르부스 쿨미나투스Corvus culminatus라는 별도의 종으로 분류되었는데, 이 가까운 친척 종이 갈라진 시점은 약 200만 년 전이다. 구분할 수 있는 특징이라고 해봤자 부리 길이 차이 정도인데, 히말라야 지역의 큰부리까마귀보다 쿨미나투스의 부리가 약간 더 길다는 것이다. 200만 년이 지났어도 "듣고 보니 좀 다른가?" 싶을 정도의 차이에 불과하다.

한편, 남아메리카와 북아메리카가 파나마 해협으로 연결된 시기는 약 300만 년 전이다. 북아메리카에 진출한 콘도르가 분화할 수 있었던 시간은 그 정도뿐이었다. 물론 날개가 있으니 조금 더 이른 시기에 교류를 시작했을지도 모르지만, 바다는 새들에게도 분포를 가로막는 장벽이 되므로 넉넉히 어림잡는다 해도 그렇게 긴 시간을 더하기는 어렵다. 결국 분화하기에는 다소 시간이 부족했을 가능성이 있다.

그럼에도 불구하고 까마귀가 존재하지 않는 남아메리카에서 출발해 이른바 '까마귀콘도르'가 분포를 넓혀갔을 가능성은 상상해볼 만하다(사족이지만 '까마귀콘도르'라는 이름은 어쩐지 이시노모리 쇼타로의 만화 『가면라이더』에 등장하는 괴인 같기도 하다).

한편 유라시아의 사체 먹는 새 독수리라면 이야기가 다르다. 녀석들은 신조류가 아시아에 진출한 이후 크게 번성했고, 필요하다면 북쪽으로 확장할 시간도 충분히 있었기 때문이다.

또 하나, 사체 식성에 특화된 것은 아니지만 어느 정도 역할을 할 법한 후보가 갈매기류다. 일본에서는 붉은부리갈매기나 괭이갈매기가 그 예다. 이들 또한 대표적인 청소동물이다.

한때 도쿄만의 쓰레기 매립지였던 '유메노시마(꿈의 섬)'는 멀리서 보면 흑백 무늬가 있는 것처럼 보였다고 한다. 하얀 것은 갈매기, 검은 것은 까마귀였다. 그리고 배가 가까이 다가가면 마치 섬이 떠오르는 것처럼 새들이 일제히 날아올랐다고 한다. 당시에는 오히려 갈매기가 더 많았다고도 전해진다.

그런 점에서 갈매기류 역시 이 이야기를 할 때 머릿속 한쪽에 두어야 할 존재일 것이다.

대역 후보 2 : 과일도 좋아하는 잡식성 새들

한편, 까마귀가 보여주는 과일 섭식이나 곤충 섭식 같은 부분은 기존의 다른 새들이 계승했을지도 모른다. 이 경우 앞서 말한 '대역 후보 1'과 결합해 까마귀의 역할을 대신할 수도 있다.

다만 감이나 비파처럼 열매와 씨앗이 모두 큰 식물의 종자를 퍼뜨리는 역할을 맡으려면, 어느 정도 덩치가 큰 새여야 한다.

실제로 그런 씨앗 산포를 담당했을 가능성이 있고, 지금은 멸종해버린 대형 조류가 있다. 바로 도도다.

도도는 그 생김새가 독특한 새였는데, 살아 있을 당시의 모습은 그림으로만 남아 있어 정확히는 알 수 없다. 다만 비둘기목에 속했던 것으로 보이며, 특히 동남아시아에 분포하는 니코바르비둘기와 가장 가까운 친척이라는 설이 있다.

도도의 머리는 상당히 크고, 부리도 매우 컸다. 부리만 보면 비둘기보다는 맹금류나 앨버트로스에 더 가깝게 보인다. 그러나 식성은 비둘기에 가까워 씨앗이나 과일을 먹었다고 전해진다. 아마도 꽤 큰 열매도 삼킬 수 있었던 모양이다. 실제로 탐발라코크(도도나무)라는 식물은 도도가 씨앗을 퍼뜨려주어 번식한 게 아니

덩치에 비해 작은 것들을 주로 먹는 **도도**

냐는 의견도 있다(실제로 이와 같은 결론을 내린 연구가 있긴 하지만, 논문 심사가 미흡하다거나 검증이 충분하지 않았다는 비판도 있어, '그런 설도 있다' 정도로 받아들이면 될 듯하다).

이런 점에서 보면, 비둘기라고 해서 큰 부리를 가질 수 없는 것은 아니다. 물론 도도의 독특한 체형은 날기를 포기하고 칠면조만 한 거대한 몸집으로 진화한 결과였으므로, 까마귀처럼 자유롭게 날아다니면서 큰 부리도 유지할 수 있었는지는 알 수 없다. 하지만 가능성이 전혀 없다고 단정할 수도 없다.

정리하면 부리와 몸을 키워 대형 과실도 먹을 수 있는 녀석이 있다면, 까마귀의 대역이 될 수도 있다는 얘기다.

일본에 사는 과실 식성의 새로는 직박구리와 찌르레기가 있다. 이들은 곤충도 먹지만 과실도 곧잘 먹는다. 또 개똥지빠귀류도 있다. 크기가 상당히 다르다는 점이 걸리지만, 어떻게든 가능하지 않을까.

또 하나, 바다직박구리(이름에 직박구리가 붙지만 딱새의 친척)도 과실과 작은 동물을 먹는다. 지네도 먹고, 오키나와에서는 제비의 둥지를 습격해 알이나 새끼를 먹는 일도 많다. 이런 터프한 잡식성의 새라면 까마귀의 뒤를 잇는 후계자로서 적합할지도 모른다.

상상력을 조금 보태 몸집이 커진 찌르레기나 바다직박구리가 하늘을 나는 세상을 떠올려보자.

찌르레기를 까마귀 대신 세운다면 의외의 장점도 있다. 녀석들은 집단 보금자리를 만들기 때문에 해 질 무렵이면 무리를 지어 둥지로 돌아간다. 그러면 '까마귀와 함께 집에 가요'라는 동요의 노랫말이 '찌르레기와 함께 집에 가요'로 바뀌겠지만, 저녁을 알리는 새는 여전히 존재하는 셈이다.

물론 약간 억지스럽거나 무리한 가정이 필요하긴 하다. 하지만 까마귀의 대역으로 찌르레기를 추천할 만한 이유는 충분하다.

첫째, 식성이 어느 정도 비슷하다.

둘째, 무리를 지어 둥지를 만들기 때문에 동요의 소재로 삼기 적합하다.

셋째, 분포 범위가 넓어 세계 어디에서나 무난히 통할 수 있다.

게다가 찌르레기도 종종 쓰레기를 뒤적인다. 적극적으로 쓰레기봉투를 찢지는 않지만, 까마귀가 헤집어놓은 자리를 슬슬 걸어 다니며 뭔가를 집어 먹는 찌르레기를 본 적이 있다.

사실 따지고 보면 너무 당연한 일이다.

"야생의 자존심을 걸고 인간이 버린 쓰레기 따위를 먹을 순 없지."

이렇게 고고하게 버티는 동물은 없다. 먹을 수 있다면 주워 먹는다. 쫓아가 잡는 것보다 훨씬 수월하기 때문이다. 실제로 그런 동물이 훨씬 더 많다. 강가의 웅덩이를 지켜보면 특히 흥미롭다. 물이 말라붙은 자리에 남은 작은 물고기나 그 사체를 할미새나 찌르레기가 먹는 경우가 있기 때문이다. 멸치만 한 작은 물고기라면 할미새 입장에서도 평소 먹는 수생 곤충과 크게 다르지 않다. 단지 탁 트인 넓은 수면에서는 물고기가 헤엄쳐 달아나버리니 잡지 못하는 것일 뿐이다. 실제로 개울에서 검은등할미새가 몇 센티미터 남짓한 밀망둑(망둥이의 일종)을 잡아먹는 모습도 본 적이 있다. 찌르레기 역시 작은 물고기보다 더 큰 털북숭이 애벌레를 먹으니 주저할 이유는 없다.

다만 이 녀석들은 그렇게 큰 편이 아니다.

찌르레기는 몸길이가 약 25센티미터 정도이고, 부리도 가늘어 딱히 까마귀와 닮았다고 보기는 어렵다. 그러나 부리의 형태는 어디까지나 먹이에 맞춰 적응한 결과일 뿐이다. 만약 육식에 더 특화되어 커다란 부리를 갖게 된다면 어떨까? 몸집까지 커진다면 또 어떨까? 찌르레기과 가운데 가장 큰 새는 아마 구관조일 것이다. 몸길이 약 40센티미터로 까마귀라 하기에는 다소 작지만, 구관조 정도라면 실루엣이 제법 까마귀스럽다. 실제로 그런 형태의 찌르레기가 존재하는 셈이다. 그렇다면 한 걸음 더 나아가 까마귀 크기까지 성장하지 못할 이유가 있을까?

결국 '전 세계에 널리 분포하고, 비교적 대형으로 성장할 수 있으며, 과일을 포함한 잡식성을 띠고, 무리를 이루는 습성까지 지닌다'는 점에서 찌르레기과 역시 까마귀의 자리를 대신할 가능성이 충분히 있다고 볼 수 있다.

그런데 이런 잡식 성향은 의외로 많은 새들에게서 볼 수 있다. 맹금류인 카라카라조차 기름야자 열매를 먹을 때가 있다는 점은 주목할 만하다. 앞서 언급했듯이 카라카라는 매와 가까운 친척으로, 전형적인 맹금류에 속한다. 그러나 지방이 풍부하고 부드러워 소화하기 쉬운 과실이라면 육식동물의 소화 기관도 충분히 처리할 수 있다. 물론 여기서 더 나아가 당질을 본격적으로 활용하려면 또 한 번의 적응이 필요하겠지만, 생각만큼 큰 장벽

직박구리

찌르레기

바다직박구리

과일'도' 좋아하는 삼총사

은 아닐지도 모른다. 포유류의 경우를 보아도 식육목에 속하는 너구리나 산달은 과일을 즐겨 먹는다. 고양이와 개도 원래는 거의 완전한 육식동물이지만, 인간과 함께 살면서 쌀도 먹게 되었다. 물론 조리된 쌀이라 소화가 더 잘되긴 하겠지만, 어쨌든 주성분은 당질이다.

한편, 직박구리도 개똥지빠귀도 찌르레기도 모두 참새목에 속한다. 참새목이라 하면 명금류songbird, 즉 학습을 통해 노래를 배우고 부르는 새들이다. 큰유리새, 황금새, 붉은가슴울새처럼 울음소리가 아름다운 새는 대부분 참새목이다.

그렇다면 이들을 까마귀의 대역으로 삼을 경우, 매우 아름다운 울음소리까지 따라올 가능성도 고려해야 한다. 몸집이 큰 개똥지빠귀류인 검은지빠귀나 붉은배지빠귀의 울음소리는 무척 고운 편이다. 또 딱새과에 속하며 몸집이 큰 바다직박구리 역시 맑고 아름다운 소리로 지저귄다. 다만 만약 그것들이 까마귀만큼 커진다면 그 울음소리 역시 꽤 요란하게 들릴지도 모른다.

사실 새소리는 도시 소음에 비하면 별것 아닐 수도 있다. 실제로 도쿄 시내 어느 역 앞에서 바다직박구리의 울음소리를 들은 적이 있었는데, 열차가 역에 들어오자 그 소리는 완전히 묻혀버렸다. 만약 그 정도 소음을 견딜 수 있다면 새소리쯤이야 아무렇지 않을 것이다(……라고까지 말하면 과장이겠지만, 최소한 생활 소음보다는 낫다고 본다. 철도 마니아는 열차 소리를 더 반길지도 모르지만).

한 연구에 따르면 새들은 주변 환경에 맞춰 소음의 주파수대를 피해 울음소리를 조절한다고 한다.[8] 코로나 시기, 도시가 유난히 조용해지자 새들의 울음소리에도 변화가 나타났다는 보고도 있다.[9] 미국 샌프란시스코에 서식하는 흰정수리북미멧새의 울음소리를 조사한 결과, 성량은 줄어든 반면 노래 방식은 훨씬 더 섬세하고 복잡해졌다. 작은 새들의 노래에서 '복잡성'은 암컷에게 보내는 중요한 구애 신호이자 생존 전략이다. 그러나 도시 소음 속에서는 이야기가 달라진다. 주변 소리에 묻히지 않으려면 더 큰 소리로 울어야 하고, 소음에 방해받지 않는 한정된 주파수대만 쓸 수 있다. 방해받는 영역에서 노래해봤자 소리가 전혀 전달되지 않기 때문이다. 결국 노래는 제약을 받을 수밖에 없다. 마치 고난도의 곡, 이를테면 「천본앵」이나 「밤을 달리다」 같은 노래를 억지로 샤우팅 창법으로 부르라고 강요받는 상황과 비슷하다. 결국 노래에 맞는 창법으로 부르게 되는 것처럼 새들도 소음에 맞춰 노래 방식을 바꿀 수밖에 없다.

이것은 곧 작은 새들의 목소리가 도시의 소음에 밀려나고 있다는 사실을 보여준다.

그렇다면 이렇게 상상해볼 수 있지 않을까. '끝없는 소음 속에서도 묵묵히, 그러나 꿋꿋하게 아름다운 소리를 들려주는 까마귀'가 사는 근사한 세계도 가능할지 모른다.

정말로 새의 부리가 커질 수 있을까?

앞서 나는 '비둘기도 부리만 커지면 어떻게든 된다'라든가 '찌르레기도 부리만 키우면 거의 까마귀'라는 식으로 썼다. 글로 쓰는 건 쉽지만, 과연 실제로 가능한 일일까?

그런데 새들을 관찰하다보면 의외로 가능할지 모른다는 생각이 든다. 왜냐하면 선택 압력selective pressure(환경 변화에 대응하기 위해 유전자가 택하는 진화의 방향성. 진화적 압력이라고도 하며, 자연 선택 압력이 높을수록 빠르게 진화한다—역주)이 가해지는 방식에 따라 부리는 놀라울 만큼 빠른 속도로 진화하기 때문이다.

대표적인 예가 갈라파고스핀치라고도 하는 다윈핀치다. 이들은 부리의 형태와 크기가 제각각이지만, 사실은 아주 가까운 친척이다. 약 200만 년 전에서 300만 년 전, 조상 집단이 갈라파고스 제도에 도착해 여러 생태적 지위에 적응한 결과일 것으로 추정된다.

게다가 다윈핀치의 부리 크기는 몇 년 동안 가뭄이 이어지는 것만으로도 집단 평균이 0.1밀리미터 단위로 변한다고 알려져 있다. 사소하게 보일지 모르지만, 불과 2, 3년 만에 캘리퍼스calipers로 잴 수 있을 정도로 '눈에 보이는 진화'가 일어난 것이다.

이는 기후 조건이 식생을 바꾸기 때문이다. 갈라파고스 제도의 식물군은 단순해서 '작고 부드러운 씨앗을 맺지만 가뭄에는 쉽게 말라 죽는 종'과 '가뭄에도 살아남지만 씨앗이 크고 단단한 종' 두 가지 유형으로 나눌 수 있다. 그래서 가뭄이 이어져 단단한 씨앗만 남게 되면 그 씨앗을 먹을 수 있는 큰 부리를 가진 개체가 살아남아 집단 전체의 부리 크기가 빠르게 변한다. 그러나 기후가 건기와 우기를 반복하면서 씨앗 환경도 바뀌기 때문에, 지난 200년간 사람들에게 관찰된 다윈핀치의 모습은 크게 달라지지 않았다. 부리의 크기도 0.1밀리미터 단위로 커졌다가 다시 줄어드는 과정을 반복해온 것이다. 만약 같은 기후가 수백, 수천 년간 이어진다면 부리의 크기와 형태는 한 방향으로 계속 변할 가능성이 크다.

까마귀의 부리도 보기보다 다양하다. 큰부리까마귀는 몸집이 크고 휘어진 큰 부리가 특징인데, 큰부리까마귀 일본 아종 *Corvus macrorhynchos japonensis*에서 특히 두드러진다. 반면 동남아시아의 아종은 몸집이 더 작고 부리도 가늘다.

세계적으로 보면 그 차이는 더 두드러진다. 동아프리카의 큰부리까마귀는 이례적일 만큼 높이 솟은 부리를 가지고 있고, 유라시아의 떼까마귀는 가늘고 긴 부리를 가지고 있다. 아프리카 남부에 서식하는 망토까마귀의 부리는 직박구리나 개똥지빠귀만큼이나 가늘다.

　아마도 이것은 먹이의 차이를 반영한 결과일 것이다. 큰부리
까마귀는 사체를 먹는 성향이 강하다. 특히 온대나 아한대 기후
에서는 겨울이 되면 과실이 줄어들기 때문에, 동물의 사체를 뜯
어먹는 일이 더 중요해진다. 일본에는 더 큰 경쟁자인 큰까마귀
가 없다는 점도 관련이 있을지 모른다. 경쟁자가 없다면 생태적
지위에서 밀려날 걱정 없이 몸집을 키울 수 있기 때문이다.

　동아프리카의 큰부리까마귀는 상황이 다르다. 이들은 독수리
나 수염수리 같은 대형 청소동물과 먹이를 두고 경쟁해야 했을
것이다. 그래서 몸집은 경쟁자들만큼 키우지 못했지만, 대신 뼈
에 붙은 살점을 뜯어낼 수 있도록 부리의 힘을 강화하는 방향으
로 진화했을 가능성이 크다. 떼까마귀는 가늘고 긴 부리를 무기
로 삼는다. 그 덕분에 땅속 깊이 숨은 지렁이도 능숙하게 끄집어
낼 수 있다. 망토까마귀는 직접 본 적이 없어 확실히는 알 수 없
지만, 건조 지대나 초원에 서식한다는 점을 생각하면 아마도 땅
속이나 풀숲 사이의 틈에서 먹이를 집어 올려야 했을 것이다.

　이런 점을 종합하면 찌르레기라고 해서 다르지 않다. 필요하
다면 사체를 찢는 큰 부리를 가진 청소동물로 진화한다는 것도
결코 터무니없는 상상이 아니다. 다윈핀치의 사례를 떠올려보라.
불과 몇 년 만에도 눈에 보이는 변화를 보여준 새들이, 수백만 년

부리가 길고 가늘어 좁은 틈새에서도 먹이를 잡아낼 수 있는 **떼까마귀**

이라는 시간을 두고 어떤 모습으로 달라질지는 충분히 상상할 수 있다. 게다가 이 책에서는 최대 1,500만 년이라는 시간 범위를 상정하고 있으니, 시간은 충분하다고 할 수 있다.

대역 후보 3 : 의외의 후보 앵무새

후보에 넣어야 할 그룹이 또 있다.

잠재적으로 육식 성향이 있고 커다란 과일도 곧잘 먹으면서 까마귀의 자리를 넘볼 만큼 영리하고 신화에 등장해도 어색하지 않을 새⋯⋯. 바로 앵무새다.

다른 저서에도 몇 번 언급했는데 앵무새는 매의 근연종이다. 매는 외형과 행동이 독수리·수리와 유사해 보이지만, 이는 '날아다니며 살아 있는 사냥감을 잡아먹는다'는 생활양식의 결과일 뿐, 분류상 둘은 다소 떨어져 있다.

매는 육식동물이고 앵무새는 과일을 주로 먹지만, 뿌리를 거슬러 올라가면 둘의 조상은 육식성 조류였던 모양이다. 앵무새는 과일과 견과류를 먹는 데 특화되어버린, 말하자면 채식주의자로 바뀐 별종인 셈이다. 그러나 조상과 마찬가지로 육식 성향은 남아 있다. 한번 잃어버렸던 육식 성향을 다시 발달시킨 종도 있는데, 대표적인 새가 케아앵무라고도 불리는 뉴질랜드의 케아다.

케아는 뉴질랜드에만 서식하며, 몸길이는 약 45~50센티미터로 송장까마귀와 비슷하다. 체중은 700그램~1킬로그램으로 큰부리까마귀보다 약간 무거운 정도다. 부리는 날카롭고 약간 긴데 다른 앵무새와 마찬가지로 아래쪽으로 휘어 있다. 몸 전체는 탁한 올리브그린색으로 비교적 수수하지만, 날개를 펼치면 아랫면과 겨드랑이에 걸쳐 붉은 부분이 있다.

케아는 뉴질랜드의 산악 지대에 서식하는데 문제는 녀석들의 식성이다. 온대기후, 게다가 나무의 종류가 적은 아고산대에서는 과일만 먹고는 살기 어렵다. 잡식성인 케아는 꽃의 꿀, 과일, 곤충, 작은 동물, 새의 알과 새끼, 동물의 사체까지 먹는다. 상대가 반격하지 않으면 가축의 등에 올라타 살을 물어뜯기도 한다. 최악의 경우 양도 쪼아 죽인다고 한다.

수수한 외모, 반전 매력의 **케아**

사냥꾼이 사냥감을 쏘아 죽이고 해체한 다음 가죽과 뼈를 아무렇게나 놓아두었더니 케아 떼가 부리로 쪼아서 구멍을 내고 물어가는 참상이 벌어졌다는 이야기도 들은 적 있다. 하긴 큰 사슴의 머리뼈 같은 건 일부러 케아가 쪼도록 해서 세세한 부위의 살을 제거하는 방법을 쓰기도 한다. 게다가 앵무새 종류는 지능이 꽤 높다. '적당히 밀거나 당겨야 먹이를 먹을 수 있는' 장치도 사용하고, 사육 환경에서는 도구를 쓰는 모습도 보여준다. 야생에서도 쓰레기통 뚜껑을 열거나 나사에 흥미를 보여 멋대로 돌려서 풀어버리는가 하면 자전거 타이어를 쪼아 구멍을 내는 등 장난을 저지르는 모습도 보여, 마치 까마귀와 왕관앵무를 섞어놓은 듯하다.

이처럼 잡식성, 떼 지어 나타나 장난질하는 모습, 알이나 새끼는 물론 때때로 움직이지 못하는 가축까지 사정없이 공격하는 행동은 까마귀와 매우 닮았다. 그리고 까마귀의 고향이 오세아니아라면 그 안에 뉴질랜드도 포함된다는 점을 기억해야 한다. 오스트레일리아 혹은 뉴기니섬에 정착해서 진화했다면 이를 기점으로 까마귀처럼 바다를 건너 동남아시아와 동아시아로, 그리고 유라시아에서 아프리카 혹은 아메리카 대륙으로 퍼져나가는 미래도 그려진다.[■] 그러므로 현재 까마귀의 지위를 케아가 차지할 가능성도 있다.

"아니, 앵무새는 열대성 조류잖아!"라고 반박할지도 모르겠다. 확실히 현재 앵무새는 대부분 열대, 아열대기후인 저위도 지

[■] 큰소리쳤지만, 이 추론에는 커다란 허점이 있음을 고백한다. 사실 뉴질랜드에는 자연 상태의 까마귀가 분포하지 않는다. 설령 오세아니아가 까마귀의 고향이었다 해도 어떤 이유에서인지 까마귀가 뉴질랜드에는 들어오지 않았거나 들어왔더라도 멸종했다는 뜻이다. 뒤집어 말하면 뉴질랜드의 케아가 과연 다른 지역으로 분포권을 넓힐 수 있을지 확실치 않다는 것이기도 하다. 실제 오스트레일리아에는 케아가 없다. 이는 뒤에서 설명할 둥지 짓기에 지장이 생겼기 때문일지도 모른다. 여하튼 지금은 상상한 대로 이야기를 전개하려 하니 양해 바란다.

역에 분포한다. 그러나 앵무새류가 고위도 지역까지 진출하는 일이 불가능한 것만은 아니다. 주변 지역보다 기온이 높게 나타나는 도시의 열섬 현상 덕도 있겠지만, 도쿄에도 장미목도리앵무가 야생 상태로 50년 넘게 정착해 살고 있기도 하다.

북아메리카에도 19세기까지는 캐롤라이나앵무라는 종이 멕시코만 연안에서 버지니아주 및 일리노이주에 걸쳐 분포했다. 버지니아주 리치먼드의 1월 평균 최저 기온은 영하 1도다. 겨울에는 추위를 피해 남쪽으로 이동하더라도 플로리다 남부의 기온 역시 10도 이하로 떨어지는 일이 다반사다. 최근까지도 제법 추위를 견딜 수 있는 종이 있었던 셈이다.

게다가 2016년에는 러시아 바이칼호 근방에서 1,800만 년 전~1,600만 년 전의 앵무새 화석이 발견되었다.[10] 당시 시베리아의 기후는 지금보다 따뜻했지만, 열대나 아열대기후는 절대 아니었다. 느릅나무와 호두나무가 우거졌다는 연구가 있는 만큼 아무리 따뜻해도 온대기후 정도였던 모양이다. 이를 고려하면 앵무새는 현재보다 과거에 더 널리 분포했던 것이 확실하다. 여러 조건 중 무언가 하나라도 달랐다면 전 세계에 퍼져 정착했을지도 모를 일이다.

앵무새류도 까마귀처럼 과일을 먹는다는 측면에서는 대역이 될 수 있으므로 이 가설은 힘을 얻는다.

한편 번식 면에서는 조금 고민해야 한다. 앵무새류는 기본적으로 나무 구멍에 둥지를 튼다. 일본에서 야생화한 목도리앵무도 마찬가지다. 도쿄에서 목도리앵무의 개체 수가 빠르게 늘지 않는 데는 둥지 틀 장소가 한정되어 있다는 이유도 있다(지방은 기온이 낮고 인위적으로 먹이를 공급받을 가능성이 거의 없기 때문에 생존이 어렵다). 그러므로 케아가 까마귀의 대역이 되면 현실의 까마귀만큼은 번식을 못 할지도 모른다.

참고로 케아는 카카포의 근연종이다. 날지 못하는 야행성 앵무새인 카카포는 둥지도 지상에 짓는다. 케아도 나무 밑동에서 사방으로 뻗은 두꺼운 뿌리 사이에 둥지를 튼다. 여기서 케아의 또 다른 약점이 드러난다. 케아는 날 수 있는데도 어째서인지 나무 위에 둥지를 틀지 않는다.

그런데도 생존할 수 있었던 건 박쥐 이외의 포유류는 물론 대형 도마뱀도 없고, 뱀이라고는 한 종류도 살지 않는 뉴질랜드라서 가능했던 모양이다. 다른 지역이었다면 순식간에 알을 잡아먹혔을 것이다. 만약 케아가 전 세계로 분포를 넓힌다면 둥지만큼은 나무 위에 틀도록 생각을 바꾸길 바란다. 그러지 않으면 오스트레일리아에조차 도달할 수 없을 테니까 말이다(오스트레일리아에는 유대류나 파충류 같은 땅 위의 포식자가 살고 있다).

그러니 이 상상은 '케아처럼 육식 성향이 강하고 나무 위에서 번식하는 앵무새류라면 전 세계로 퍼질 수 있다'로 정리해두자.

식성을 완전히 바꿔라!

지금까지는 까마귀의 대역으로 식성이 비슷한 새 위주로 살펴보았다. 그런데 식성이 크게 뒤바뀔 수도 있을까? 예를 들어 육식성 조류가 과일을 주식으로 먹을 수 있을까?

말도 안 되는 소리라고 치부하지 않았으면 좋겠다. 새의 조상은 공룡, 그중에서도 두 다리로 힘차게 뛰어다니던 육식 공룡으로 추정된다. 그러니까 새도 원래는 육식동물이었을지 모른다.

그러다가 무리 중에 씨앗이나 과일을 먹는 것에 특화한 개체가 등장했고, 갈매기류처럼 풀이 주식인 종까지 나타났다. 육식에서 초식으로 식성이 바뀐 것이다. 어류 중에도 피라냐의 친척이지만 식물을 먹는 검은파쿠라는 종도 있고, 성장하면서 먹이가 곤충에서 조류藻類로 아예 바뀌는 은어도 있다.

공룡 중에도 비슷한 사례가 있다. 영화 『쥬라기 공원』 시리즈에서 난동을 부린 벨로키랍토르와 데이노니쿠스가 속한 코엘루로사우리아 *Coelurosauria* 속 중에서 테리지노사우루스는 식성이 초식으로 바뀐 종이다.

테리지노사우루스는 몸길이가 10미터에 이르는 거대 공룡이다. 앞다리는 2미터나 되고 그 끝에는 70센티미터의 거대한 발톱이 달려 있다. 살아 있을 때는 각질이 붙어서 더 길었을 것이다. 처음에는 '가위 손'처럼 발톱을 무기로 쓰는 녀석인 줄 알았으나, 연구 결과 커다란 발톱으로 나뭇가지를 끌어당겨 먹는 초식 공룡으로 밝혀졌다(나무가 아닌 물고기를 잡아먹었다는 다른 의견도 있다). 생각해보면 공룡의 조상은 애초에 (아마도) 육식성이었고, 그 후손들 가운데 일부 계통이 진화를 거치며 풀을 먹는 식성으로 변한 것 같다.

심지어 거미와 개구리 중에도 식물을 먹는 종이 발견되었다. 브라질의 제노필라 트룬카타*Xenobyla truncata*라는 나무 위에 사는 청개구리는 적극적으로 식물을 먹으며 씨앗을 퍼뜨리는 데도 공헌한다는 내용이 2023년에 발표된 바 있다.

따라서 초식으로의 전향이 결코 불가능한 일은 아니다. 다만 육식성이던 새가 과일을 먹으려면 미각을 발달시켜야 할지도 모른다. 과일을 먹거나 꽃의 꿀을 먹는 새는 단맛을 느끼도록 다시 한번 진화했으리라 생각되기 때문이다.

앞서 설명했다시피 새의 조상은 육식 공룡이다. 애초에 포유류만큼 많이 씹지 않을뿐더러 사냥감을 통째로 삼키므로 맛도 별로 중요하지 않다(어차피 비늘이나 가죽 맛밖에 나지 않겠는가). 무엇보다 고기를 먹을 때 가장 중요한 것은 감칠맛, 즉 단백질이 분해되면서 만들어지는 아미노산을 느끼는 감각이다. 물론 유독 물질을 감지해서 걸러내는 감각도 필요하다. '유통기한이 지난 두부를 먹어보니 신맛이 나기에 버렸다'와 같은 경우는 미각으로 유해성을 감지한 사례다. 그러나 단맛은 고기를 먹을 때 딱히 필요하지 않다.

단맛을 느끼는 감각은 잘 익은 과일이나 꽃의 꿀을 먹는 생물에게 필요하다. 일례로 벌새의 단맛을 느끼는 감각은 아미노산을 감지하던 세포가 변형되면서 생긴 것으로 알려져 있다.

단맛을 느끼는 감각은 공룡에서 조류로 분기한 시점에는 없었으나, 이후 진화하면서 생긴 듯하다. 일단 그 시대에는 과일이라는 것 자체가 없었다. 눈에 잘 띄도록 꽃을 피우는 속씨식물이 진화한 시기는 대략 백악기 이후고, 달콤한 과실의 등장 역시 이보다 나중일 것이다. 애초에 과일의 화려한 색과 달콤한 과육은 새와 함께 진화한…… 즉 씨앗을 퍼뜨리는 새에게 보내는 신호이자 보상으로 발달했다.

그러므로 과일을 먹는 새는 단맛을 느낄 수 있도록 진화했고, 식물은 그런 새의 미각을 자극하기 위해 과육을 발달시켰을 터이다.

이 말인즉슨 만약 돌연변이가 발생해 단맛을 느낄 수 있는 맹금류가 있다면, 과일만 먹고 사는 것도 불가능한 일은 아니라는 것이다. 적어도 사냥감을 못 잡았을 때 과일을 먹고 살 수 있다면 생존에 유리해진다. 과일류를 소화할 수 있는 내장도 필요하겠지만, 다행히 과일은 잎이나 가지만큼 소화가 어렵지 않다. 원래 물고기를 잡아먹는 붉은부리갈매기가 좀굴거리나무 새싹을 먹는 경우도 있으니, 아예 말도 안 되는 이야기는 아니다. 의외로 현실적인 상상일지도 모른다.

반대 사례도 생각해보자. 초식만 하던 새가 고기를 먹을 수 있을까?

이 역시 불가능한 이야기는 아니다. 초목의 씨앗이 주식인 비둘기도 곤충과 지렁이를 먹는다. 꽃의 꿀만 먹을 것 같은 벌새도 새끼한테는 곤충을 먹여 키운다. 동물성 먹이를 아예 안 먹는 것이 아니다. 그렇다면 초식성 조류가 까마귀의 자리를 차지할 수 있을까?

이때 핵심은, 까마귀의 '과일 식성'이라는 특징을 최대한 유지하면서도 육식 혹은 사체식 습성까지 함께 발휘할 수 있는지 여부다.

다만 육식성 동물이 풀을 먹는 경우는 흔해도, 초식성 동물이 부차적으로 고기를 먹도록 진화한 사례는 극히 드물다. 그 흔치 않은 사례로 고래류와 우제류(발굽이 둘로 갈라진 포유류를 뜻함. 소·사슴·하마 등)를 합친 경우제목Cetartiodactyla이 있다. 원래는 하마 같은 초식동물, 내지는 기껏해야 '초식에 가까운 잡식성' 동물이었다가 지금은 이빨고래류처럼 육식으로 특화한 종이다.

초식에서 육식으로 진화했을지도 모르는 또 다른 사례는 바로 우리 인간이다. 미키 벤도르Miki Ben-Dor 박사를 필두로 한 연구팀이 2021년 발표한 논문[11]에서, 현생 인류의 위산 산성도가 매우 높은 것은 육식에 적응했던 흔적이며 초창기 인류의 식생활은 상당히 오랫동안 육식 중심이었으리라고 고찰했다. 그리고 인류의 조상은 유인원, 즉 영장류의 일종인데 영장류는 주로 과일과 잎을 먹는다. 이 설이 사실이라면 초식 중심에서 육식 중심으로 진화한 사례로 볼 수 있지 않을까(만약 그렇다면 치아의 형태가 좀 더 육식에 최적화되지 않은 이유는 무엇일지, 그리고 현대의 수렵 채집 민족은 열량의 대부분을 식물로 섭취한다는 사실은 어떻게 설명할 수 있을지 등의 의문이 뒤따른다).

이처럼 초식동물이 육식성으로 변화한 사례를 보면 비둘기가 사체를 먹도록 진화한다는 발상도 가능하지 않을까? 진심으로 이렇게 생각하지는 않지만, 상상의 소재로는 흥미롭지 않은가.

가령 먹이를 구하기 힘든 건조 지대에 서식하는 비둘기가 먹이의 폭을 넓혀 살아남는다면 어떻게 바뀔까?

이런 '까마귀비둘기' 혹은 '비둘기까마귀'가 평상시 어떻게 생활할지는 뭐라 단언할 수 없다. 대형 까마귀 중에는 세력권을 이루는 종이 많은데, 먹이 자원을 독점하기 위한 전략이다. 한편 비둘기는 대체로 무리를 지어 생활한다. 이들의 먹이는 주로 씨앗이므로 다 같이 달려들어 먹는다고 한들 순식간에 바닥날 일은 없다. 먹이보다는 몸을 지키기 위해 무리를 짓는 것이다. 비둘기 중에는 멧비둘기처럼 쌍을 이루어 행동하는 종도 있다.

까마귀 중에도 떼까마귀처럼 비교적 집단성이 강한 종이 있다. 떼까마귀도 일단은 한 쌍 단위로 활동하는 세력권이 있지만, 서로 먹이를 찾는 범위가 어느 정도 겹치므로 결과적으로 여러 쌍이 같은 장소에서 먹이를 찾기도 한다.[12] 따라서 까마귀라고 무조건 단독 행동을 하지는 않으며, 번식기인 개체조차도 집비둘기처럼 무리 지어 나타날 가능성이 있다. 그렇다면 떼까마귀가 비둘기처럼 묵묵히 이삭을 줍듯이, 비둘기도 까마귀를 흉내 내지 못할 이유도 없지 않을까?

특별 후보 : 신화 속의 새

오스트레일리아에서 입후보할 새는 '아침이 되면 큰 소리로 울어 정령을 깨우는' 웃음물총새다. 신화에 등장하는 새라고 하니 신화 속 까마귀를 대신할 후보로 생각해보자. 일단 익살스러운 울음소리와 외형은 이야기의 흐름을 전환하는 역할로도 꽤 어울린다.

매력적인 목소리로 아침을 깨우는 **웃음물총새**

아침이 되면 큰 소리로 울어 새벽을 알리는 새라는 점에서도 확실히 까마귀를 대체할 수 있다. 나무가 듬성듬성 자란 숲부터 울창한 삼림에 이르기까지 다양한 환경에서 서식하며 도시에서도 사는 웃음물총새는 오스트레일리아를 대표하는 새로서 인기도 있다. 몸길이도 최대 45센티미터 정도로 중형 까마귀와 비슷하니 까마귀의 대역이 될 수 있지 않을까?

다만 이 녀석은 나무 구멍에 둥지를 틀고 동물만 잡아먹는다. 과일이나 사체를 먹는 데 적응한다면 대역이 될 수 있겠지만 이래서야 맹금류와 다른 구석이 없다. 아쉽지만 웃음물총새 이야기는 이쯤에서 접어야겠다.

그런데 색깔도 바뀔까?

까마귀 하면 검은색. 두말할 필요 없이 강렬한 인상을 주는 색이다.

사실 까마귀속이라고 전부 새까맣지는 않다. 갈까마귀와 서양갈까마귀는 흰색과 검은색이 섞여 있다. 뿔까마귀, 흰무늬까마귀, 고리까마귀도 마찬가지로 흰색과 검은색이 섞여 있다. 굵은부리까마귀도 목 뒤에 흰 부분이 있다. 뉴기니섬의 회색까마귀는 새끼일 때 갈색이었다가 자라면서 회색이 된다. 그러나 나머지 30여 종은 검은색이다. 따라서 '까마귀는 모두 까맣다'라는 명제는 거짓이지만, '까마귀는 대부분 까맣다'라고 하면 틀린 말이 아니다.

그렇다면 지금까지 살펴본 까마귀의 대역들이 실제로 진화한다면 색깔은 어떻게 될까?

조류의 깃털 색에 관해서는 여러 측면에서 생각해봐야 한다. 색에는 다양한 역할이 있기 때문이다.

우선 색은 종을 식별할 때 쓰인다. 근연종이어서 외형은 비슷한데 색이 다른 새들이 종종 있다. 황여새와 홍여새는 '황黃'과

'홍紅'이라는 이름처럼 꽁지깃 끝부분의 색깔로 구분할 수 있다. 붉은배지빠귀와 흰배지빠귀는 서식 환경과 행동 양식이 비슷하지만 배가 적갈색이면 붉은배지빠귀, 탁한 흰색이면 흰배지빠귀다. 갈매기 종류에는 부리 끝의 색과 무늬가 다른 종이 여럿 있다. 예를 들면 갈매기 *Larus canus*(갈매기속이 아니라 갈매기라는 이름의 단일 종)의 부리는 전체가 노란색이지만, 몸집이 비슷한 괭이갈매기의 부리는 끝이 붉고 뒷부분에 검은 띠가 있다.

다만 종을 식별할 때는 번식지가 겹치는지가 중요하다. 종을 식별하는 가장 큰 이유는 번식 상대를 착각하지 않기 위해서다. 다른 종끼리 교잡交雜해도 문제가 없다면 괜찮지만, 행동이나 생활양식의 차이로 형질이 달라진 종끼리 무심코 교잡하면 형질의 최적값에서 벗어나고 만다. 그 결과 자손을 남길 수 없게 되거나, 최악의 경우 태어난 잡종이 번식 능력을 잃어버릴 수 있다.

재갈매기와 큰재갈매기는 둘 다 부리가 노랗고 아랫부리 끝부분에 붉은 반점이 있는데, 서로 번식지가 다르기에 '번식 상대를 잘못 골라 큰 낭패를 겪는 일'은 좀처럼 없다. 오히려 '같은 종이었지만 번식지가 달라지면서 유전자 교류가 끊겼고, 다른 종으로 불릴 만큼 형질이 달라졌으나 부리 모양만큼은 그대로'라고 생각하는 편이 합리적이지 않을까(갈매기의 종 분화는 복잡한 문제이므로 더 이상 파고들지 않으려 한다).

그렇다면 까마귀는 어떨까. 서식지가 겹치는 큰부리까마귀와 송장까마귀는 둘 다 까맣다. 미국까마귀와 물고기까마귀도 까맣다. 즉 까마귀는 종의 식별을 위해 깃털 색을 바꾸는 전략을 택하지 않은 것으로 보인다.■

한편 흰 새나 검은 새 중에는 무리를 이루는 종이 많다는 의견도 있다. 실제로 민물가마우지, 까마귀, 고니, 백로(종명이 아니라 쇠백로, 중백로, 대백로 등 흰색 백로의 총칭) 등은 무리를 이룬다. 집단성 조류의 경우, 흰색이나 검은색처럼 단순하면서 눈에 잘 띄는 색은 동료를 식별하기 쉽게 해준다. 그렇다고 흰색이나 검은색이 아닌 새가 무리를 이룰 수 없다는 말은 아니다. 사랑앵무처럼 색이 화려하지만 큰 무리를 이루는 종도 있다. 그러므로 집단을 이룰 때 검은색이 도움이 되는 것은 맞지만, 꼭 검은색이어야

■ 그러나 폴스트라 박사 연구진은 송장까마귀와 뿔까마귀의 종 분화에 시각적 요소가 관련되어 있을지도 모른다고 지적했다. 두 종의 분포권은 붙어 있고 일부 겹친 영역hybrid zone에서는 교잡도 하는데, 어째서인지 교잡 개체는 널리 퍼지지 않는다. 폴스트라 박사는 논문에서 시각에 관여하는 유전자의 차이를 보고하는 동시에 외형의 차이가 교잡을 방해했을 가능성을 제기했다. 그러므로 같은 지역에 분포하는 까마귀가 종에 따라 색이 다른 경향을 보이지는 않지만, 색이 달라지면 다른 종으로 인식할 수도 있다.
한 마디 덧붙이자면 자외선 반사를 이용해 종을 식별할 경우 새는 자외선을 볼 수 있지만, 인간은 맨눈으로 분간할 수 없다. 그러나 현재까지 까마귀류가 자외선을 이용하여 특유의 모양을 만든다는 증거는 없다.

할 이유는 없다.

색의 또 한 가지 중요한 역할은 이성에게 매력을 호소하는 것
이다. 수컷만 아름다운 색을 띠는 종이 많은데, 이는 암컷에게 선
택받기 위해서다. 극락조에게 도가 지나칠 정도로 장식이 많은
이유도, 꿩의 깃털이 화려한 이유도 모두 암컷을 유인하는 신호
로 쓰기 위해서다.

그렇다면 색깔만으로 어떻게 암컷의 선택을 받을 수 있는 걸
까? 이유는 다양하다. 화려하거나 선명한 색은 시각을 강하게 자
극하므로 암컷의 눈에 잘 띈다는 점도 그중 하나다.

깃털 색이 아름다운 수컷을 선택하면 암컷에게도 좋다. 화려
한 색을 띠려면 색소가 대량으로 필요하므로 색이 아름답다는
것은 곧 그만큼의 색소를 만들 힘이 있다는 뜻이다. 선명한 붉은
색이나 노란색은 카로티노이드 계열 색소로 만들어지는데, 척추
동물은 이 색소를 스스로 만들어낼 수 없으니 먹어서 흡수할 수
밖에 없다. 그러므로 선명한 색은 '먹이를 충분히 먹고 있음'을
암시한다. 물체 표면의 구조가 빛을 반사하여 나타나는 '구조색'
역시 깃털에 미세한 구조가 잘 발달해 있어 그만큼 풍성하다는
증거다. 색조는 곧 암컷에게 자신의 건강 상태를 알려주는 신호
인 셈이다.

화려한 색과 거대한 장식깃은 오히려 생존에 불리하다는 점도 이유로 들 수 있다. 이른바 핸디캡 이론에 따르면 불리한 점이 있는데도 살아남았다는 사실이야말로 수컷의 생존 능력을 보증하는 증거다. 수컷은 바로 이 점을 암컷을 유혹하는 신호로 쓰는 것이다.

이 같은 신호에는 비용이 들고, 수컷은 이를 감당할 능력이 된다는 것을 꾸밈없이 보여준다는 의미에서 이것을 '정직한 신호honest signal'라고 한다. 인간 사회에서 몸에 명품을 걸치고 대저택에 살며 고급 차를 몰더라도 파산하지 않는다면 '진짜 부자'라고 할 수 있는 것과 같다.

그렇다면 검은색은 어떨까? 검은 깃털은 대량의 멜라닌 색소로 만들어진다. 영양이 부족한 까마귀는 깃털 색이 눈에 띄게 바래서 윤기 없는 갈색처럼 보인다. 반들반들 윤기가 나는 칠흑의 깃털은 영양 상태를 나타내는 지표가 되기에 충분하다. 겉치장에 관심이 없는 듯한 까마귀여도 목덜미와 머리 주위의 깃털이 유독 반들반들할 때가 있다. 송장까마귀도 그렇고, 큰까마귀에게도 갈기 형태의 깃털이 있다. 큰부리까마귀는 보송보송한 머리깃이 특징이다.

까마귀가 이성에게 깃털을 다듬어달라고 치근댈 때 이 부분을 내밀기도 한다. 그러니까 새까만 까마귀여도 나름대로 이성에게 매력을 내세울 포인트는 있는 셈이다.

하지만 이 역시 꼭 깃털이 검은색이어야 할 이유는 아니다.

멜라닌의 또 다른 특징은 높은 강도다. 멜라닌 과립이 꽉 들어찬 깃털은 내구성이 높다. 새 가운데에는 깃털 끝만 까만 경우도 있는데 이는 눈에 잘 띄게 하려는 목적과 함께 부딪히기 쉬운 깃털 끝을 강화하려는 목적도 있다. 대형 맹금류 중 어두운 색을 띠는 종이 많은 것도 이 때문일지 모른다. 위장이라는 측면에서 보면 최소한 아랫면은 하얘야 포식자가 올려다봤을 때 하늘을 배경으로 나는 모습이 눈에 띄지 않는다. 실제로 멀리 참매가 선회하는 모습을 관찰할 때 흰 배를 보이며 하늘에 섞이듯 모습을 감추는 일이 있다. 그러나 대형 독수리류는 아랫면도 어두운색이다.

깃털에 멜라닌이 많으면 항균 작용을 한다. 깃털에 기생하는 진균류에 감염되면 깃털의 내마모성이 감소해 쉽게 닳아 없어진다. 이는 새에게 매우 큰 손실이다. 그러나 멜라닌 과립이 많은 깃털은 비교적 이런 진균에 잘 감염되지 않는다고 한다.

따라서 새까만 깃털은 감염증에 대한 대비, 특히 사체를 먹을 때 질병에 걸리지 않기 위한 것이라는 견해도 있다. 이를테면 캘리포니아콘도르, 검은대머리수리, 터키콘도르는 거의 검은색이다. 안데스콘도르도 몸에 검은 깃털이 많다.

반면 독수리류는 모두가 검은 것은 아니다. 독수리와 두건독수리처럼 까만 새도 있고 루펠독수리와 그리폰독수리처럼 까맣지 않은 새도 있다. 이집트독수리는 오히려 흰색에 가깝다. 따라서 사체를 먹는 습성도 몸이 반드시 까매야 하는 이유는 아닌 모양이다. 검은 깃털이라서 이점도 있겠지만 '검은색이 아니면 죽을' 정도는 아니라는 뜻이다.

나비의 일종인 제왕나비를 대상으로 한 최근 연구에 따르면, 날개의 무늬가 비행 능력에 영향을 줄 가능성이 있다고 한다. 날개 중 검은 부분의 온도가 높아져 국소적인 상승 기류가 생기면 날개 표면에 미세한 기류가 형성되어 공기 저항을 줄일지도 모른다는 내용이다.

새도 마찬가지로 짙은 색의 바닷새가 공기 저항이 낮다는 연구가 있다. 그러나 까마귀가 까맣다고 비행 성능이 뛰어난 편인가 하면……. 확실히 청소동물로서는 장거리를 힘들이지 않고 나는 편이 유리하다. 실제로 '바람의 아들(아르헨티나의 축구 선수 클라우디오 카니히아의 별명)'처럼 멋지게 나는 큰까마귀가 있는가 하면, 제대로 날기나 하는지 의심스러운 종도 있다. 큰부리까마귀와 송장까마귀의 비행 능력은 직설적으로 말하면 '그 크기의 새라면 당연히 그 정도는 날겠다' 싶은 수준이다. 따라서 까마귀의 검은색은 비행에 도움이 될지도 모르지만, "색상 덕분에 비행 능력이 매우 뛰어나다"라고 말할 정도는 아니다.

결론을 내리자면, 까마귀처럼 생활하는 새는 검은색으로 진화할 가능성이 있다. 그러나 반드시 그렇지는 않다. 검은색이 아니기 때문에 멸종할 정도는 아니므로 앞서 대역 후보로 언급한 새들은 검게 바뀌지 않을지도 모른다.

이 사실이 조류학적 사실에는 그리 큰 영향을 미치지 않겠지만, 까마귀를 향한 인간의 인식에는 차이를 만들 수도 있다.

후보로 거론한 새 중에 검은 새가 있는지 한번 살펴보자. 검은대머리수리는 새까맣고 독수리도 거의 새까맣다. 흑비둘기도 까맣다. 야자잎검은유황앵무도 상당히 까맣다. 찌르레기류에서는 구관조와 검은뿔찌르레기가 흰 반점이나 노란 부분이 있긴 하지만 대체로 까맣다. 바다직박구리를 비롯한 솔딱새과는……이런, 까만 새가 별로 없다. 지빠귀과 중에는 검은지빠귀나 대륙검은지빠귀가 검은색이긴 하다.

그런데 검은 새들은 여러 분류군 중에서 독자적으로 진화하는 종이다. 조류라면 대체로 멜라닌 색소를 지니고 있으므로 합성 시스템은 갖춰진 셈이다. 나머지는 발현 위치와 양의 문제일 뿐이다. 그러므로 까마귀의 대역이 검은색이어야 한다면, 검은색으로 진화하는 것 자체는 가능할 것 같다.

결론

까마귀의 대역은?

1. 독수리, 카라카라 등 사체 식성 조류

2. 거대해진 개똥지빠귀와 찌르레기

3. 잡식성으로 바뀌고 한대기후 지대까지 분포권을 넓힌 앵무새

4. 육식성 비둘기 혹은 과일 식성에 적응한 맹금류

단, 까마귀처럼 검다는 보장은 없다.

일단 기본적인 가능성은 이 정도다.

그러나 까마귀가 영향을 미치는 범위는 생태계뿐만이 아니다. 까마귀는 인간의 문화와 사회에도 관여한다. 이 부분에서는 어떤 변화가 생길 수 있는지, 그리고 대역이 되려면 어떤 조건이 필요한지 다음 장에서 살펴보려고 한다.

제3장

인간 사회에서
까마귀가 사라진다면

종교에서 까마귀가 사라진다면

인간이 생각하는 까마귀의 인상은 꽤 양면적이다. 마침 최근 작품에 좋은 사례가 있다. 바로 아카사카 아카, 요코야리 멩고 원 작의 『최애의 아이』다.

애니메이션 1화에서 아마미야 고로가 근무하는 병원의 옥상 장면. 한갓진 시골의 상징으로 처음에는 솔개가 한가로이 날고, 다음 장면에서는 까마귀 떼가 느긋하게 날아간다. 이 새들이 시 골 풍경의 일부로 묘사된 것만 봐도 까마귀가 너저분한 도심만 을 상징하는 새는 아닌 듯하다.

하지만 밤이 되자 숲속 둥지에서 일제히 날아오르는 까마귀 들. 아마미야 고로가 절벽에서 굴러떨어지는 이 장면에서 까마귀는 불길하고 섬뜩한 장면의 상징으로 그려졌다. 한가로이 날던 까마귀는 어디로 갔는지, 원.

2화부터 삽입된 오프닝 영상에는 도쿄의 빌딩 숲 사이를 날아다니는 까마귀 무리가 잠깐 비친다. 마지막 화에서는 까마귀가 주인공을 유심히 지켜보는 장면도 의미심장하게 그려진다.

(이 글을 쓰는 시점에는 아직 애니메이션으로 만들어지지 않았지만) 원작 만화에는 의미심장하게 등장해서 수수께끼 같은 말을 남기는 소녀가 까마귀를 데리고 다니는 모습도 있다. 아마미야 고로의 시체가 발견되도록 이끈 존재도 까마귀다. '까마귀가 밤에도 날아다니던가?'라든지 '까마귀가 바위틈이나 구멍 같은 데로 들어가던가?'와 같은 의문도 들지만, 클로즈업된 까마귀를 정확하게 묘사한 컷은 엔터테인먼트 작품으로는 아주 훌륭했다(생김새를 보니 큰까마귀 같다).

생각을 정리하다가 놀랐는데, 인간이 떠올릴 만한 '까마귀의 이미지'는 이 작품에 거의 다 담겨 있다. 한적한 시골과 대도시라는 양극단에 걸쳐, 죽음의 상징이자 과거와 현재를 잇는 존재이고, 초자연적인 시선으로 인간을 지켜보고 인도하는, 그런 존재가 바로 까마귀다.

'만약 인류의 진화 과정에서 까마귀라는 존재가 없었더라면'

어땠을지 시뮬레이션하려면 반드시 문화적 측면도 고려해야 한다. 까마귀가 없는 세상에서는 전설이나 민담, 신화에서 까마귀가 등장할 일이 없을 것이다. 까마귀는 우리가 생각하는 것 이상으로 신화에 자주 등장한다.

전설과 신화에 까마귀가 등장하는 데에는 여러 요소가 관련되어 있다. 오늘날 까마귀의 인상이 부정적인 것에는 종교적 관념의 영향도 부정할 수 없다. 뒤에서 설명하겠지만 반대로 까마귀를 신성한 새로 받드는 문화도 있다.

창작물에서도 종교적 관념이 의도적으로 혹은 무의식적으로 큰 의미를 지니는 경우가 있다. 명백히 기독교를 모티프로 삼은 애니메이션 『신세기 에반게리온』뿐만 아니라 할리우드 영화 중에도 기독교적 배경지식 없이는 온전히 이해하기 힘든 작품이 많다. 리처드 도너 감독의 『오멘』이 그러하며 『다크 엔젤』, 『엔드 오브 데이즈』, 『콘스탄틴』 등도 기독교의 신과 악마, 그리고 순교를 모티프로 삼은 작품이다. 잭 숄더 감독의 SF영화 『히든』도 기독교 세계관을 반영했다.

그렇다면 이번에는 종교에서 까마귀를 지우면 어떤 일이 벌어질지 생각해보자.

고대 신화와 자연 신앙 속 까마귀

'동트기 전 일어나 울고, 해 뜨는 방향에서 날아오는 새. 저녁이 되면 태양을 향해 떼 지어 날아가는 새'. 사람들은 까마귀의 이런 모습을 보고 더욱 신비롭게 여겼을 것이다. 고대 중국과 고대 이집트 사람들은 까마귀를 태양의 새로 여겼다. 동양 신화에 등장하는 삼족오三足烏(일본어로 야타가라스)도 태양신의 사자인 점을 보면 동양에서도 역시 까마귀는 태양의 새인 모양이다.

새는 대부분 주행성이며, 이른 아침에 가장 활발히 움직인다. 당연히 울기도 아침에 많이 운다. 새는 대체로 아침을 알리는데 이 중에서도 새벽에 우는 새를 꼽자면 닭이 대표적이다. 참고로 닭의 조상 격 품종인 적색야계도 해 뜨기 한 시간쯤 전에 일어나 규칙적으로 운다고 한다. 인간이 길들여서 그렇게 된 게 아니라 원래부터 지니고 있던 습성이다. 오히려 이 특징 때문에 인간들이 닭을 길들였다고도 할 수 있다.

적어도 동아시아에서 닭은 식용 및 산란용이기 이전에 제사의식을 위한 신성한 새였던 듯하다. 이것은 아마 해 뜨기 전 울면서 아침을 알리는 습성과 무관하지 않을 것이다.

캠핑을 해봤다면 잘 알 텐데, 인공조명이 없는 밤은 정말 어두컴컴하다. 달빛과 별빛은 생각보다 밝지만, 이마저도 없이 초승달 뜬 밤이나 구름 낀 밤은 암흑 그 자체다. "코를 떼어가도 모른다"는 말이 결코 과장이 아니다.

현대인에게는 그리 와닿지 않을 수 있지만, 겨울밤 추위에 떨다 보면 미칠 듯이 아침이 기다려진다. "당신도 현대인이면서 무슨 소리냐"고 할지도 모르지만, 학생 시절 겨울에 야쿠시마섬을 찾았을 때 산속의 오두막에서 추위에 떨었던 경험이 있어 조금은 안다.

그때는 껴입을 수 있을 만큼 껴입고 침낭 속으로 파고들어도 견디기 힘들 정도로 추웠다(돌아보면 당시 옷을 잘못 껴입은 게 문제였다. 두껍게 껴입어도 온기가 새어 나가면 허사임을 깨닫고 이듬해에는 제대로 옷을 여러 겹 껴입었다). 누에고치처럼 침낭을 머리까지 뒤집어쓰고 지퍼를 끝까지 올려도 떨림이 멈추지 않았다. 침낭 지퍼나 후드 사이로 냉기가 스며들었다. 이뿐만이 아니다. 매트를 깔아도 바닥은 차가웠다. 바닥과 맞닿은 부분에서 체온이 빠져나갔다. 옆으로 누워 몸을 웅크리고 접촉면을 최소화해서 어떻게든 열이 빠져나가지 않도록 애썼다. 견디기 힘들어지면 반대쪽으로 누워 다시 몸을 웅크렸다. 잠든 것 같다가도 추위에 깨 몸을 뒤척이다가 시계를 보면 겨우 한 시간 지났다는 사실에 절망스러웠다. 오두막 바깥의 최저 기온은 영하 5도 정도. 그리 추운 날도 아니라고 생각할 수 있지만 오두막 안 온도도 0도에 가까웠다. 게다가 두꺼운 이불도, 난방 기구도, 단열벽도 없었다. 따뜻한 온기를 가져다줄 존재는 오로지 태양뿐이었지만, 해가 뜨려면 한참 남아 있었다. 오들오들 떠는 사이에 다시 의식이 멀어졌다. 하지만 곧 바로 더 매서운 추위가 닥쳐왔다. 틀림없는 새벽의 냉기였다. 조금만 견디면 곧 아침이다…… 침낭 속에서 덜덜 떨며 몸을 감싸 안고 버티고 있자니 아주 잠깐이지만 추위가 풀리는 듯한 순간이 찾아왔다. 기온이 올라가고 있나 싶어 기도하는 심정으로 침상 위의 자그마한 창으로 눈을 돌려보니 아주 희미하게 푸른빛이 스며들기 시작했다.

밤새 추위에 떨던 이들에게 희망이 되어준 **닭**

이런 밤, 고대인들은 분명 "닭이 울 때까지만, 닭이 울 때까지만" 하면서 버티지 않았을까?

태곳적 사람들에게 어두운 밤이란 추위 말고도 수많은 위험이 도사리는 시간이었을 것이다. 마물, 악령, 괴물, 맹수, 그리고 사고. 단순히 발이 걸려 넘어지더라도 때에 따라서는 심각한 부상을 입을 수도 있다. 옛날 사람들은 현대인들보다 상처나 질병을 잘 견뎌냈겠지만, 약도 없고 의사도 없는 상황에서는 별것 아닌 상처가 목숨을 앗아가기도 한다. 하물며 독사를 밟기라도 하는 날에는 손쓸 도리도 없었을 것이다. 이런 위험들을 어두운 밤을 틈타 습격하는 마물의 소행으로 여기더라도 전혀 이상할 것이 없다. 실제로 신석기 시대 인류의 평균 수명은 30세도 채 되지 않았다.

그들에게 밤은 곧 어둠과 마물의 시간이었다. 시계도 없던 당시, 어둠을 두려워하며 아침이 오기를 기다리던 사람들은 닭 우는 소리를 얼마나 기다렸을지. 문자 그대로 불효拂曉, 즉 밤을 물리치고 아침을 부르는 신호가 바로 닭 우는 소리다. 이는 '사악한 기운을 내쫓고 마물을 퇴치하는 소리'로 받아들여질 만하다.

그렇다면 닭이 없는 세상은 어땠을까?

유럽 사람들이 닭을 들여오기 전까지는 닭이 존재하지 않았던 북아메리카의 원주민 문화에서는 큰까마귀와 흰머리수리가 종종 신과 같은 존재로 등장한다. 반드시 '아침'과 관련되어 있다고는 할 수 없지만, 까마귀 역시 새벽을 알리는 새다. 까마귀는 해가 뜨기도 전에 깨어나 깍깍 울기 시작하고, 어둠이 채 가시지 않은 하늘로 곧바로 날아오른다.

고대 중국과 고대 이집트 사람들이 까마귀를 태양의 새로 여긴 이유도 마찬가지다. 까마귀는 태양에서 날아와, 저녁이 되면 다시 태양을 향해 날아가는 새로 인식되었기 때문이다.

참고로 오스트레일리아 원주민인 애버리진 신화에서 아침을 알리는 새는 웃음물총새다. 정령들이 자고 있으면 아침이 찾아오지 않기에 웃음물총새가 정령들을 깨우는 것이다. 그 울음소리가 상당히 시끄러워서 누구라도 잠에서 깰 것 같다.

자연 신앙 속 신들은 장난을 좋아하고 향락적인 면모도 있어 현대인의 생각처럼 '위엄 있고 빈틈없는 신'과는 거리가 멀다. 요즘 사람들이 상상하는 신은 전지전능하면서 대단한 인격자로, 그야말로 결점 하나 없이 모든 면에서 너무 완벽한 존재가 되어버렸다.

이런 면에서 고대 신들은 더 자유분방하다. 그리스 신화의 최

큰까마귀

흰머리수리

원주민 신화에서 신으로 등장하던 큰까마귀와 흰머리수리

고신 제우스■는 마음에 드는 상대가 보이면 누구에게든 들이댔다. 여기서 그치지 않고 그 결과를 별자리로 남겨두기까지 했으니, 이래도 되나 싶을 정도다.

자연 신앙 속 까마귀는 비교적 장난을 좋아하고 약삭빠른 성격이다. 일례로 아메리카 원주민인 틀링깃족의 신화에 따르면, 인간을 만든 것은 까마귀다. 맨 처음에는 돌을 재료로 고르는 바람에 모양을 만들기 힘들고, 시간도 너무 오래 걸렸다고 한다. 결국 까마귀는 돌 대신 낙엽으로 인간을 만들었다. 이 때문에 인간의 몸이 약해져 지금처럼 쉽게 죽는 몸이 되었다고 한다.

이 정도는 양호한 설정이다. 오스트레일리아 애버리지니 신화에 등장하는 까마귀 신은 한층 더 막장이다. 이 까마귀 신 역시 인간을 만들긴 했지만 바람피울 상대가 필요해서 만들었다고 하니, 제우스보다 저속한 신은 처음 봤다.

까마귀가 사라지면 신비하면서도 장난꾸러기 같은 감초 캐릭

■ 제우스는 스파르타의 왕 틴다레오스의 아내 레다에게 접근하기 위해 백조로 변신했고, 둘 사이에서 태어난 헬레네를 축하하고자 백조자리를 만들었다. 또 소로 변신해서 페니키아의 공주 에우로페에게 접근했고, 그녀가 경계심을 풀었을 때 납치한 제우스는 자랑스럽게 황소자리를 밤하늘에 수놓았다고 한다. 독수리로 변신해서 미소년 가니메데를 납치한 다음 신들의 술 시중을 들도록 한 제우스는 이 역시 기념하기 위해 독수리자리를 만들었다. 이렇게까지 자신의 범죄 행각을 과시하고 싶었을까.

터를 잃고 만다. '영리하면서 장난치기를 좋아해 인간을 골탕 먹일 때도 있지만 어느 정도 격이 높은' 캐릭터가 바로 까마귀다. 물론 애초에 까마귀가 없다면 다른 누군가가 빈자리를 채우겠지만 생태계에서의 지위와 마찬가지로 고대 신화 속에서도 고유한 존재감이 분명 존재한다.

이를테면 켈트 신화에 등장하는 전쟁의 여신 모리안이 그렇다. 대지의 어머니라는 이미지도 겸비한 여신이지만 모리안이 가는 곳마다 전쟁의 불길이 치솟고 시체가 산처럼 쌓인다고 한다. 그녀가 까마귀를 이끌고 다닌다, 혹은 까마귀 자체가 모리안의 화신이라는 말도 있다. 그도 그럴 것이 시체가 널린 전쟁터에는 까마귀 떼가 몰려들 테고, 전쟁이 벌어지기 전이라도 군대가 야영하고 있으면 상황을 지켜보러 까마귀가 몰려오는 건 자연스러운 일이다. 인간이 모여 생활하면 당연히 음식물 쓰레기가 생기기 때문이다. 그러니 까마귀가 군대를 쫓아다녀도 하등 이상하지 않다. 이런 의미에서 군대나 전쟁터 그리고 까마귀는 떼려야 뗄 수 없는 관계다.

그러나 기독교가 부흥하면서 고대 신들은 점점 역사 속으로 사라졌고, 민담과 풍습에나 겨우 이름을 남겼을 뿐이다.

기독교 속 까마귀

까마귀는 기독교에서 전혀 환영받지 못하는 느낌이다. 애당초 까마귀의 이미지는 '악마, 마녀, 마법사, 늑대, 현대 호러 소설의 전신인 고딕 소설, 하드록' 등과 엮여 있는 경우가 많아, 하느님의 적 혹은 하느님을 거스르는 존재로 많이 등장한다. 고딕 장르라고 무조건 신을 거스르지는 않지만, 팀 버튼 감독의 『슬리피 할로우』 같은 세계관을 생각하면 까마귀는 어디까지나 '기독교에서 규정하는 마술과 망령' 같은 존재다. 하느님의 편이라고는 보기 힘들다.■

■ 기독교라고는 하나 민간신앙과 결합하여 설명하기 까다롭다. 가령 내가 아는 나이지리아 사람은 기독교인인데, 종교와 별개로 현지 고대 문화에 기인한 주술사의 초자연적 힘도 당연하다는 듯이 믿는다(나이지리아 영화를 '날리우드 Nollywood, Nigeria +Hollywood 무비'라고 하는데, 주술사가 신비한 힘으로 사태를 해결하는 작품이 자주 나온다. 참고로 나이 많은 어르신의 교훈도 담겨 있다). "내 눈으로 본 적 있으니 틀림없다"라면서 말이다. 영국에도 청교도를 바탕으로 엄격한 문화가 형성되어 있지만.(영국은 요리가 맛이 없기로 유명한데, 애초부터 청교도의 금욕주의 교리에 따라 미식의 쾌락을 추구하지 않았기 때문이라는 말을 들은 적이 있다. 영국의 명예를 위해 말해두자면 나는 영국을 가본 적이 없어서 정말로 요리가 맛없는지는 모른다. 역사의 흐름 속에서 수많은 변화를 거쳤을 테고, 티타임 때 먹는 과자는 훌륭하다고 들었다. 다만 한동안 영국에 머물렀던 동료는 "한번 가서 먹어봐요. 아마 깜짝 놀랄 걸요?"라고 했다.) 한편으로는 강령술 같은 초자연적 미신도 남아 있다. 가시나무의 마법사(야마자키 코레의 만화 『마법사의 신부』의 주인공 엘리어스 에인즈워스)도 "브리튼은 오래된 마법의 나라"라고 했던가.

그렇다고 기독교에서 까마귀를 완전히 배제한 것은 아니다. 까마귀는 구약 성경에 적어도 두 번은 등장한다. 그중 하나는 박해를 피해 광야로 도망친 선지자 엘리야에게 까마귀가 먹을 것을 가져다주었다는 내용이다.

이는 기독교가 창시되기 전(혹은 정립될 무렵)에 존재하던 고대 신앙 및 세계관이 섞인 일화로 볼 수도 있다. 원문에 충실하게 해석하면 그럭저럭 현실적인 면도 있다. 까마귀가 인간에게 먹을 것을 가져다줄 이유는 특별히 없지만, 까마귀를 단서로 삼아 주변에서 먹을 것을 찾을 수 있기 때문이다.

까마귀는 먹이를 저장하는 습성이 있다. 그러나 까마귀가 숨겨둔 먹이를 인간이 찾아내기는 매우 어렵다. 낙엽 속에 묻어두기라도 하면 거의 불가능하다. 몇 번인가 시도해봤지만, 묻는 모습을 직접 봐놓고도 정확한 위치를 찾을 수 없었다. '무엇을 묻었는지 모르니 무엇을 찾아야 하는지도 모르겠다'는 설명이 맞겠다. 까마귀가 저장하는 것 중에는 때로는 정체를 알 수 없는 것들도 있기 때문이다. 내가 여태 본 광경 중 가장 의미를 알 수 없었던 '먹이 저장'은 겨울 논에서 주운 짚을 물고 털레털레 걸어가 볏짚 더미 안에 정성스럽게 숨긴 사례였다. 숲속에 나무를 숨긴다는 이야기는 들어봤지만, 볏짚 더미에 짚을 숨기다니. 숨기기 자체는 완벽했을지 모르지만, 정작 본인이 무엇을 어디에 숨겼는지 기억해낼 수 있을까?

물론 까마귀가 늘 치밀하게 먹이를 숨기는 것은 아니다. 엉성하게 '그 자리에 그대로 두기'도 한다. 성경에 나오는 '광야' 같은 환경이라면 바위틈 사이에서 까마귀의 먹이를 발견할 가능성은 충분하다.

더 단순히 생각하면 까마귀가 모이는 곳에는 대부분 먹이가 있다. '광야'에서는 아마 죽은 동물이겠지만, 까마귀에게는 먹이가 맞다. 나도 까마귀를 조사하다가 너구리나 토끼의 사체 주변에 까마귀가 모여든 광경을 본 적이 있다. 어느 날에는 죽은 지 얼마 안 되어 매우 싱싱한 꿩의 사체를 발견한 적도 있다. 마음만 있다면 사람도 먹을 수 있을 정도였다. 그때 함께 있었던 공동 연구자는 내가 그것을 먹자고 할까봐 은근히 걱정했던 모양이다. 홋카이도의 시레토코반도에서 눈 속에 묻혀 있던 에조사슴 사체를 발견했을 때도 주변에 까마귀가 많이 모여 있었다. 그것 역시 전날 밤에 죽은 것이었을 테니 사람이 먹을 만했을 것이다.

그러므로 광야에 숨어 있던 선지자가 까마귀를 보고 먹을 것이 있는 장소를 찾았다 해도 터무니없는 이야기는 아니다.

이런 신화는 억지로 하나하나 분석해가며 이해해서는 안 되는 경우도 많다. 애초에 신화란 기본적으로 '비현실적인 이야기'다. 현실적으로 있을 법한 사건을 기록한 글은 일기지 신화가 아니다. 그러니 이런 '있을 법한 이야기'를 깊이 파고든다 한들 과연 어디까지 의미가 있을지는 모르겠다.

노아의 방주 설화는 메소포타미아의 고대 신화에서 빌려온 것이 틀림없다. 메소포타미아 신화에도 까마귀가 등장한다. 대홍수가 일어나 배로 피신한 다음, 물이 빠졌는지 알아보기 위해 까마귀를 날리는 대목이다. 머리가 똑똑한 까마귀는 물이 빠져 육지가 드러났다는 증거를 가지고 돌아왔고 홍수에서 살아남은 인간들은 무사히 육지에 올랐다.

그러나…… 구약 성경에서는 방주에서 날려 보낸 까마귀가 되돌아오지 않는다. 그리고 그 이유는 설명되지 않는다. 홍수로 죽은 동물을 먹느라 정신이 팔렸다더라, 멋대로 짝을 만나 번식한 탓에 방주에서 추방되었다더라 등 다양한 이야기가 전해지는 모양이다.

메소포타미아 신화와 전개가 다른 이유는 기독교가 고대 신화를 흡수하면서 이야기를 변형했기 때문이다. 이처럼 다른 데서 빌려온 이야기를 흡수하여 합치는 경우가 종종 있다. 일본 신화 중 신들이 이즈모 지방의 통치권을 이양하는 내용의 설화가 어딘가 앞뒤가 안 맞는 이유도 이즈모 지방에 원래 있던 신화를 흡수하여 끼워 맞췄기 때문일지 모른다. 참고로 일본 신화 속 신인 스사노오노미코토가 등장할 때마다 성격이 왔다 갔다(여동생을 좋아하는 난봉꾼에서 괴물을 퇴치하는 영웅이 되었다가, 어느새 명계의 왕이 되는 등) 하는 이유가 다양한 전승에 등장하는 서로 다른 성격의 인물들을 전부 합쳤기 때문이라는 의견도 있다.

각설하고 시간을 거슬러 올라가보자. 메소포타미아 사람들은 왜 신화에 까마귀를 등장시켰을까?

나는 역사학자도 문화인류학자도 아니지만 두 가지 이유가 떠올랐다. 첫 번째는 아주 오래전부터 정착된 '까마귀는 정보통'이라는 인식 때문이다. 북아메리카와 시베리아의 수렵 채집 민족 사이에 내려오는 이야기나 이솝 우화에도 까마귀는 '머리가 좋고', '좀 별난' 동물로 취급된다. 이런 인상 때문에 까마귀에게 정찰을 시켰다는 설은 그럴듯하다.

이러한 인상이 생긴 데에는 청소동물이라는 까마귀의 특성도 한몫을 했다. 오늘날 캠핑을 하다보면 사람 주위를 맴도는 까마귀를 볼 수 있다. 사람들이 사냥을 위해 야영을 하면 약속이나 한 듯 까마귀가 날아오는데, 때때로 식재료를 슬쩍하거나 사냥해온 동물을 쪼아먹기도 한다. 동물을 사냥해서 해체하고 있노라면 어디서 왔는지, 그야말로 숲의 신이 살피러 왔다는 듯이 나타나 그쪽을 내려다보곤 한다. 이유는 물론 그들이 처리하고 남은 고깃덩어리를 물고 가려는 것이지만, 그 모습은 인간이 아닌 늑대를 상대로 할 때도 똑같다. 까마귀의 입장에서는, 솜씨 좋은 사냥꾼이기만 하면 상대가 네발짐승이든 두발짐승이든 별 차이는 없다. '가연성 쓰레기 버리는 날을 알 정도로 까마귀가 똑똑하다'고 현대인이 생각하듯이 고대인들도 비슷하게 생각했다는 뜻이다.■

체코공화국의 신석기 시대 유적에서 큰까마귀의 뼈가 대량으로 출토되었다. 인간이 먹고 묻은 흔적인 듯했다. 뼈에 함유된 방사성 동위원소를 조사한 결과, 큰까마귀가 대형 초식동물을 먹었다는 사실도 밝혀졌다.[13] 물론 자연사한 초식동물의 사체를 먹었을지도 모르지만, 이에 관해 연구한 바우만 박사는 "당시 인간들이 사냥한 짐승의 찌꺼기를 주우러 왔다가 반대로 인간에게 잡아먹힌 결과가 아닐까"라는 의견을 표했다. 이게 사실이라면 인간과 까마귀는 수만 년 전부터 '포식자와 청소동물'의 관계였을지도 모른다. 솔직히 인간이 까마귀를 먹었을 가능성까지는 고려하지 않았지만, 확실히 있을 법한 이야기다. 오늘날에도 큰까마귀가 늑대에게 잡아먹히는 경우가 있기 때문이다.

그러므로 먹이를 저장하는 사체 식성 동물이라면 까마귀의 대역이 될 수 있다. 특히 행동거지가 신중하고 신비적이기까지

■ 까마귀가 요일을 구분한다는 증거는 없다. '쓰레기 버리는 날이 되면 까마귀가 기다리고 있다'는 의견에 대해서는 '까마귀는 매일 찾아오는데 쓰레기봉투가 없으면 금방 날아가버린다', '쓰레기 버리는 날에는 같은 자리에 오랫동안 머무르므로 눈에 띄기 쉬울 뿐이다'라는 설명이 가능하다.

하면 신처럼 받들기도 쉽다.

맹금류도 먹이를 저장하는 동물이다. 먹이를 숨겨두거나 먹다 남은 찌꺼기를 보관하기도 한다. 까마귀나 어치, 도토리딱따구리(북미에 서식하며 도토리를 장기간 저장하는 습성이 있다)처럼 장기간 저장할 요량으로 저축하듯 모아두는 것은 아니지만, 어쨌든 먹고 남은 식량을 보관하기도 한다.

따라서 정말로 까마귀가 엘리야에게 식량을 가져다주었을 수도 있다. 실제로 까마귀뿐만 아니라 매도 엘리야에게 식량을 가져다주었다고 한다. 그러므로 까마귀가 사라지면 이 대목은 맹금류로 통일될지도 모른다.

메소포타미아 사람들이 신화에 까마귀를 등장시킨 두 번째 이유는 항법 기술 때문이다. 나침반도 해도도 없던 시대에 선원들은 육지를 보며 항해하는 경우가 많았다. 그리고 육지가 안 보일 때를 대비해 새를 배에 태웠다. 날려 보낸 새가 일직선으로 어딘가를 향하면 그쪽에 육지가 있으리라고 추측할 수 있기 때문이다.

이 방법에 특화된 종이 있는지는 모르지만, 수면에 내려앉는 새는 쓸 수 없고 힘이 넘쳐서 어디로든 아무렇지 않게 날아가버리는 새도 적합하지 않다. 사람이 쉽게 길들일 수 있고, 비교적 천천히 날지만, 수월하게 바다를 건널 정도의 비행가는 아닌, 게다가 몸집이 크고 새까매서 눈에 잘 띄는 까마귀가 의외로 우수한 항해사이지 않았을까. 레이프 에이릭손이라는 바이킹은 큰까마귀의 인도 덕에 아이슬란드를 발견했다고 한다. 까마귀를 데리고 다녔다는 오딘 신앙도 이유가 되겠지만, 실제로 까마귀를 배에 태웠을지도 모른다.

까마귀가 사라지면 원류인 메소포타미아 신화에서부터 '까마귀가 홍수가 끝났다는 증거를 가지고 돌아왔다'라는 대목이 지워진다. 이렇게 되면 구약 성경에서도 방주에서 까마귀나 비둘기를 날려 보내는 장면이 삭제될지 모른다. 성경의 전반적인 내용에는 큰 영향을 미치지 않겠지만 세세한 일화는 바뀔 것이다.

이슬람교 속 까마귀

이슬람교에서 까마귀와 올빼미는 불길한 존재다. 성경의 카인과 아벨 이야기에서 카인에게 동생의 시체를 묻을 방법을 가르쳐준 동물이 까마귀다(이슬람교에서도 성경은 성전의 일종이다). 코란 자체에는 까마귀에 대한 언급이 거의 없지만, 그럼에도 이슬람권 문화에서 까마귀는 특정 역할을 맡아온 것으로 보인다. 진짜로 까마귀가 사라진다면 그 역할은 무엇이 맡게 될까? 동생을 죽인 카인에게 시체를 묻어서 증거를 숨기라고 알려주는 동물은 무엇이 될까?

카인과 아벨 이야기는 까마귀가 '동물의 사체를 먹는다'는 것과 '먹이를 저장하는 습성이 있다'는 두 가지 사실이 결합되어 탄생한 관념을 바탕으로 한 것으로 보인다. 실제 이슬람교에서 청소동물은 사체를 먹는 부정한 동물로 규정되므로 '인간에게 죽음을 가르치는 역할'로서 까마귀의 대역을 찾는다면 수리, 매, 독수리, 황새, 큰까마귀, 까마귀, 박쥐 등은 모두 후보에서 제외된다(박쥐는 사체를 먹지 않지만, 그렇게 생각하는 사람도 있는 모양이다). 사체를 먹는 청소동물들이 종교적으로 배제된다면, 까마귀의 역할을 대신할 수 있는 후보는 거의 남지 않는다. 더구나 사체나 먹이를 숨기거나 저장하는 행동을 하는 새라면, 맹금류조차 그 대상에서 제외될 가능성이 있다.

까마귀는 이슬람교에서 좋은 평가를 받지 못하지만, 다른 청소동물들 역시 마찬가지다. 다시 말해 까마귀만이 문제적인 존재인 것은 아니다. 게다가 '최초의 살인과 시체 처리'에 대한 정보를 인간에게 가르쳐주는 다른 '무언가'가 있다면 까마귀가 사라진다고 해도 대역이 있으니 문제없다.

불교 속 까마귀

다음으로 불교를 보자.

적어도 일본에 전파된 불교에는 까마귀가 나오지 않는다. 그러나 원시 불교는 지금과 양상이 매우 다르므로 까마귀도 등장할 법하다.

부탄 불교에서는 대흑천大黑天(불교의 삼전신 중 하나)의 머리가 까마귀라고 한다. 까마귀 머리의 신이라니 꽤 과격한데, 조사해 봐도 왜 까마귀 머리인지는 알 수 없었다. 힌두교의 시바 신이 불교에 흡수되어 대흑천으로 탄생하는 과정에서 신조神鳥 가루다(불교에서는 가루라)의 이미지가 섞인 걸까. 참고로 큰까마귀는 부탄의 국조이기도 하다.

남인도에는 "가까운 친족이 죽으면 7일 후 흰 깃털이 섞인 까마귀가 되어 집으로 한 번 돌아온다"라는 말이 전해져 내려온다. 그래서 사람들은 까마귀에게 먹이를 대접한다고 한다. 7일이라고 하면 불교권에서는 초칠일(사람이 죽고 7주 동안 7일마다 재를 올리는 49재 중 첫 7일)이 연상되고, '죽은 사람이 집으로 돌아오면 잘 대접한다'는 발상은 불교의 우란분회盂蘭盆會와 같다. 참고로 새까만 까마귀가 찾아오면 악마의 종으로 여겨 돌을 던져 쫓아낸다고 한다.

인도에서 흰 깃털이 섞인 까마귀라면 틀림없이 집까마귀일 테고, 새까만 까마귀는 큰부리까마귀 혹은 최근 큰부리까마귀와 다른 종으로 구분된 동부정글까마귀Corvus levaillantii일지도.

그러나 후기 불교에는 이러한 요소가 흡수되지 않았는지 설

흰 깃털이 있어야 우리 편, **집까마귀**

법이나 설화에 까마귀가 거의 등장하지 않는다. 그러므로 까마귀
가 사라지더라도 대부분의 지역에서 불교가 영향을 받을 일은
없을 것이다.

하지만 불교의 특징 중에는 지옥에 떨어졌을 때 동물이 잔뜩
존재한다는 점도 있다. 살생의 죄를 저지른 자는 등활지옥에 떨
어지는데, 이 옆으로는 '소라고둥을 크게 불어 짐승을 겁주다가
끝내 죽인 자'가 떨어지는 '불희처不喜處 지옥'이 있다. 죄목이 매
우 한정적인데 지옥이란 원래 그런 법이니 신경 쓰지 않아도 된
다. 여하튼 이 불희처 지옥에 떨어지면 타오르는 부리를 가진 새
와 짐승에게 골수까지 뜯어 먹힌다고 한다. 이 새가 정확히 어떤

종인지는 확실치 않지만, 까마귀여도 이상하진 않다. 적어도 에구치 나츠미의 만화 『호오즈키의 냉철』에서는 까마귀처럼 묘사되었다. 그렇다면 이 지옥의 모습은 달라질 수 있겠다.

불교의 근원지를 고려했을 때 기본 바탕이 되는 풍경은 인도 방면이 될 테니 사체의 살과 뼈를 쪼아 먹는 새는 까마귀가 아니라 독수리나 수염수리여도 자연스럽다. 그러나 『호오즈키의 냉철』에서 까마귀가 등장하는 장면과 부탄의 국조는 바뀔 것 같다.

종교 문화 속 까마귀의 대역 후보

앞에서 알아봤다시피 까마귀의 부재가 세계 3대 종교에 그렇게까지 큰 영향을 주진 않을 듯하다. 그러나 까마귀를 신으로 모시는 문화에서는 까마귀가 사라지면 좀 곤란하다. 대표적으로 북아메리카 원주민을 꼽을 수 있다. 그들은 까마귀를 대신할 '아침의 새'를 찾아야만 한다.

하지만 의외로 큰 문제가 아닐지도 모른다. 동트기 전에 큰 소리로 울고 보금자리에서 일제히 날아오르는 새는 까마귀 말고도 있다.

붉은깃찌르레기도 그중 하나다. 까마귀속은커녕 까마귀과조차 아니지만, 프랑스의 역사학자 볼테르가 "신성하지도 않고 로마도 아니며 제국도 아니었다"라고 비판한 신성로마제국과 달리

까맣지만 잘 보면 알록달록 **붉은깃찌르레기**

까마귀와 닮은 부분은 있다.

붉은깃찌르레기는 북아메리카에 서식하는 새로, 흔히 알려진 찌르레기과Sturnidae가 아니라 신대륙 찌르레기과Icteridae에 속하는 종이며, 까마귀는 아니지만 깃털 색이 전반적으로 새까맣다. 그러나 어깨……라기보단 날갯죽지 아래쪽쯤에 붉은색과 노란색의 화려한 깃털이 있어 군대의 예복에 달린 견장 같기도 하다. 붉은깃찌르레기의 영어 명칭은 'Red-winged blackbird'다.

붉은깃찌르레기는 갈색머리검은피리새와 함께 거대한 무리를 이루는 경우가 있다. 특히 이동할 철이 되면 수백만 마리가 집단을 이루어 하늘을 가득 메우며 날아간다.

하지만…… 이 정도 몸집의 새들이 떼 지어 날아가면 솔직히 무섭다. 거대한 그림자처럼 꿈틀거리며 시시각각 형태를 바꾸는 새 떼가 어둑어둑한 하늘을 가득 메우고 날아다니는 모습은, 거의 악마를 눈으로 보는 듯하다.

중요한 문제가 또 하나 있다. 붉은깃찌르레기는 북아메리카에 널리 분포하지만, 캐나다에서는 여름 철새이고, 겨울에는 아메리카 남부 및 멕시코 방면으로 날아가버린다. 음, 그렇다면 그동안 북쪽에서는 신이 부재중인 걸까? 게다가 캐나다 북쪽이나 알래스카에서는 여름에도 자리를 비운다. 이렇게 되면 틀링깃족 등 큰까마귀 전설을 지닌 부족의 거주지역 상당 부분이 새의 분포 범위에서 완전히 벗어나버린다. 이러면 곤란하다. 큰까마귀는 매우 추운 한대기후 지역에서까지 거뜬히 살 수 있는 새이기 때문이다.

무엇보다 붉은깃찌르레기는 주로 습지나 농지에 사는 새여서 까마귀처럼 적극적으로 인간과 관계를 맺지 않는다. 나는 사람들이 까마귀를 신으로 받드는 이유는 그들이 인간을 지켜보기 때문이라고 생각한다. 그래서 '항상 보고 있다 / 지켜봐준다'라는 이미지가 생겨난 듯하다. 물론 인간에게 가르침을 내리고 인도하기 위해서가 아니라 인간 활동의 부산물로 생기는 먹이를 가로

채기 위해서지만 말이다. 하물며 영리하기까지 한 까마귀라면 범상치 않은 존재로 취급받는다 해도 이상하지 않다.

신비하고 영리하면서 태양과 연관성 있는 새는 의외로 찾기 어렵다. 이쯤에서 잠깐 발상을 바꿔보자.

사람들이 아침의 도래를 알리는 새를 바랐던 이유는 밤을 두려워했기 때문이다. 그렇다면 수리부엉이 같은 새를 '밤의 수호신'으로 숭배하는 편이 쉽지 않을까.

풍채가 늠름한 수리부엉이는 홋카이도에 분포하는 근연종 블래키스톤물고기잡이부엉이와 달리 물고기가 아니라 새와 짐승을 잡아먹는다. 까마귀의 천적이기도 하다. 몸집이 솔개만 하며 복슬복슬한 깃털이 풍성해서 더욱 크게 보인다. 빼어난 얼굴은 진중하게도 보인다. 올빼미류는 조류 중에서도 이례적으로 두 눈이 정면을 바라보고 있어 묘하게 인간을 닮았고, 어떻게 보면 고양이 같기도 하다.

낮에는 수리에게 바통을 넘겨주면 24시간 교대 시스템으로 계속 인간을 지켜볼 수도 있다. 경비 시스템이 생각나는 건 기분 탓이겠지.

대형 맹금류는 일찍 일어나지 않는다. 아니, 일어날지는 몰라도 경험상 이른 시간에 날지는 않는다. 오히려 느지막하게 나는 편이다.

이른 아침에는 그리 멀리, 높이 날지 않는 대신 근처에서 무언가를 먹고 난 다음에야 '슬슬 움직여볼까?' 하는 듯 서서히 상공을 날기 시작하는데, 그 이유는 아마도 바람일 것이다. 맹금류는 햇빛을 받아 땅이 더워지면서 상승 기류가 생겼을 때 잘 난다. 물론 날갯짓으로 날고 싶다면 언제든 날 수는 있다. 따라서 '아침엔 날 수 없다, 날지 않는다' 이런 건 아니다. 하지만 왠지 모르게 맹금류에게는 이른 아침을 연상시키는 이미지가 별로 없다. 맹금류는 의외로 에너지를 아끼는 생물이므로 움직이지 않을 때는 정말 꼼짝도 안 한다.

……역시 아침에 활발한 신이면 좋겠지만, 그렇지 않더라도 이것은 이것대로 나름 재미있는 신화가 되지 않을까. 눈을 부릅뜬 밤의 신과 잠꾸러기 낮의 신의 이야기 같은 것 말이다.

일본 민간신앙 속 까마귀

다음으로 소개할 내용은 신화가 아니라 민간신앙이다. 일본에는 가라스텐구烏天狗(까마귀 모습을 한 일본 민속의 요괴)라는 존재가 있다.

고대 중국에서 일본으로 유성이나 광구를 뜻하는 천구天狗라는 말이 들어왔다. 몇몇 문헌에 기록이 있긴 하지만, 본래 뜻으로는 결국 자리를 잡지 못했다.

일본의 천구, 즉 텐구는 불교 유파 중 하나인 밀교密敎와 슈겐도修験道가 더해지며 생겨난 독특한 존재인데, 오늘날 일본 문화에서 볼 수 있는 수행자 차림의 코가 큰 텐구의 모습은 중세 이후에 정착한 것이다. 수행자 복장으로 깃털 부채를 들고 있는 일본의 텐구는 신통력이 있으며 이계異界의 산에 사는데, 때때로 장난을 치거나 사람을 부정한 길로 유혹한다고 한다. 정확한 정체는 알 수 없지만, '단순한 요괴라기보다는 신이나 부처와 비슷한 지위에 있으면서도 형태가 다른 존재'로 봐야 할 듯하다.

가라스텐구는 이 텐구의 변형된 형태 중 하나다. 코가 부리 모양일 때도 있고 완전한 새의 얼굴로 묘사될 때도 있다. 일본의 고전 문학 『헤이케모노가타리』에 따르면 텐구는 '인간이지만 인간이 아니고 새지만 새가 아니고 개지만 개가 아니며 손발은 인간, 머리는 개인데 양옆에 달린 날개로 하늘 위를 걸어 다니는 존재'다. 여기서 새의 요소를 강조한 존재가 가라스텐구다.

가라스텐구는 새의 얼굴을 한 가루라와 매우 비슷하다. 가루라는 불법佛法의 수호자로, 인도 신화의 가루다가 원형이다. 밀교와 텐구의 관계를 생각하면 가루라가 '가라스텐구'에 흡수되었다고 해도 이상하진 않다.

그러므로 가라스텐구가 아니라 '가루라텐구'로 이름을 바꿔도 되지 않을까. 발음도 비슷하고 말이다.▪

참고로 가라스텐구가 활약한 사례는 거의 없지만, 교토의 사찰인 구라마데라에 맡겨진 우시와카마루(전설적인 무사)를 가르친 존재가 가라스텐구였다는 설화가 유명하다. 구라마데라 안쪽에는 지금도 나무뿌리가 구불구불 뻗은 길 '기노네미치'가 있는데, 우시와카마루는 이곳을 달음박질로 뛰어넘는 수련을 거듭했다고 한다(기노네미치가 900년 전부터 이런 상태였냐고 딴지를 걸지 않길 바란다). 그렇게 가라스텐구에게 검술과 무술을 배운 우시와카마루가 성인이 되어 미나모토노 '쿠로crow' 요시쓰네라는 이름을 사용하게 된 이야기는 꽤 상징적으로 보인다. 물론 농담이다.

세상에는 유년 시절 요시쓰네의 해골이라며 전해 내려오는 유물까지 있다고 하니, 이쯤 되면 뭘 갖다붙인들 놀랍지 않다. 애초에 사실을 따질 것도 없는 '만들어진' 이야기니, 까마귀 설정 하나쯤 바뀐다 해도 상관없을 것 같다. 그러니 각자 마음에 드는 새로 마음껏 대체해도 된다.

■ 만약 정말로 가라스텐구의 원형이 가루라라면 '가루라'라는 발음이 '가라스'를 떠올리기 쉽겠다는 생각도 든다.

까마귀의 부재로 인해 세계 3대 종교에 변화가 생길 것 같지는 않다. 따라서 까마귀가 사라진다고 해서 인류의 종교적 세계관 전체가 뒤바뀔 일도 없을 것이다. 다만 애니미즘처럼 동물에 영성이나 신성을 부여해온 종교는 사정이 조금 다르다. 물론 그런 종교들도 '까마귀와 생활양식이 유사한 새'를 찾으면 얼마든 대체할 수 있다. 그러나 까마귀처럼 '태양의 새'라는 인상까지 주는 새는 의외로 찾기 어려울지도 모른다. 그렇다면 적어도 토템 폴(totem pole, 원주민이 만든 종교적 기둥)의 형태는 지금과는 다른 모습이 되었을 것이다. 일본축구협회의 상징인 삼족오 역시 완전히 달라지지 않을까.

문학에서 까마귀가 사라진다면

「까마귀」

문학 작품에도 종종 까마귀가 등장한다.

그중 에드거 앨런 포의 「까마귀The Raven」란 시가 특히 유명하다. 일본에서는 '갈까마귀'로 번역될 때가 많지만 큰까마귀라고 해야 옳다. 어두운 갈색 깃털만 보면 갈까마귀라고 해도 틀린 것은 아니지만, 생물학자로서는 큰까마귀라고 제대로 부르지 않으면 마음이 불편하다.

이 시에서 까마귀는 불길한 현실을 냉철하게 알리는 사자로 등장한다. 읽어보지 않은 사람에게는 스포일러지만 설명하자면, 이 산문시는 폭풍이 몰아치는 밤에 느닷없이 창문이 열리면서 큰까마귀 한 마리가 날아드는 장면으로 시작된다. 새까만 눈동자에 촛불이 비치는 가운데 까마귀는 주인공을 가만히 지켜본다. 그리고 그를 향해 "영영 없으리Nevermore"라고 한다. 주인공은 이런저런 말을 하지만, 까마귀의 대꾸는 '영영 없으리' 한마디뿐이다. 모든 것을 잃어버렸음을 깨달은 주인공은 실의와 절망에 빠진다.

포는 "말하는 새로 앵무새를 등장시켜도 상관없었지만, 까마귀는 의외성을 준다", "불길한 새라서 어울린다"라고 고백했다. 불길한 새라서 어울린다고? 까마귀에 대한 애정이 느껴지지 않는 작가의 말이 심히 불편하지만 이제 와서 탓한들 소용없다. 불희처 지옥에서 까마귀를 만나도 같은 말을 할 수 있을까?

정말로 까마귀가 말하는 새냐고 묻는다면 대답은 "예스"다. 사람이 기르는 까마귀에게 말을 가르치면 '안녕', '엄마', '꺄아악' 등을 말할 수 있다고 한다. 서양에서는 「까마귀」의 대표적 대사인 'Nevermore'를 큰까마귀에게 가르쳤다는 동영상도 올라온다.

새들이 어떻게 인간의 말을 따라 하는지는 아직도 밝혀지지 않았다. 다만 말을 따라 하는 새들은 보통 사회성이 강하고 집단생활을 한다. 무리 안에서 뭔가를 얻거나, 유리한 위치를 차지하기 위해 상대를 흉내 내야 하는 경우가 있는지도 모르겠다. 그러나 구체적으로 어떤 이점이 있는지는 여전히 알 수 없다.

한편 까마귀가 어떤 소리를 듣고 반사적으로 흉내 내는 광경을 몇 번인가 본 적이 있다. 이를 보고 '호기심 때문'이라거나 '똑똑해서'라고 말하기는 쉽지만 어째서 그 호기심이 '흉내 내기'로 발현되는지, 심지어 어떻게 여러 종의 새들이 약속이나 한 듯 흉내를 낼 수 있는지, 그 점이 수수께끼다.

몇몇 새들에게서 흉내 내기가 암컷에게 매력을 호소하는 수단이라는 증거가 발견되었다. 특히 노래(지저귐)가 복잡할수록 암컷에게 더 매혹적으로 작용한다고 한다.

십자매의 경우에도 복잡한 노래를 부르는 수컷이 단연 인기가 많다. 이 '복잡성'은 노래를 구성하는 요소의 수와 그 조합 방식에 따라 결정된다. 예컨대 A·B·C 세 소절보다 A·B·C·D·E 다섯 소절을 사용한 노래가 더 복잡하고, 같은 A·B·C라는 소절이라도 A−B−C−A−B−C로 단조롭게 반복하는 것보다 A−C−B−B−C−A−C처럼 배열을 달리해 부르면 더 복잡해진다.

아마도 복잡한 노래를 부를 수 있는 수컷일수록 뇌 기능이 뛰어나고, 학습에 시간과 노력을 들일 수 있는 우수한 개체라는 점이 중요할 것이다. 암컷 역시 이러한 개체를 선택해 자손을 남기는 편이 진화적으로 유리하다는 것을 본능적으로 알고 있는 셈이다.

노래의 복잡성은 예측 불가능한 소절의 배열로 나타난다. 예측 불가능성, 즉 의외성을 높이는 가장 쉬운 방법은 전혀 다른 새의 노래나 주변 소리를 무작위로 섞는 것이다. 원래 부르던 노래의 소절만으로는 아무리 조합을 바꿔도 극적으로 '예측하기 힘든 노래'는 만들기 힘들다. 같은 종의 수컷이 경쟁 상대인 만큼 기본적인 소절은 대개 비슷하기 때문이다. 그렇다면 결국 관건은 '편곡'이다. 이때 갑자기 다른 새의 노래를 섞어버리면 예측 불가능성은 단숨에 높아진다.

　　이러한 이유로 다른 새의 노래를 흉내 내는 새들이 꽤 많다. 일본에서는 황금새와 검은지빠귀가 유명하다. 그중에서도 때까치는 다른 새의 노래를 유난히 잘 따라 한다. 단순히 노래 중간에 '다른 새의 소리를 섞는' 수준이 아니고, 갑자기 전혀 다른 새처럼 노래를 부른다. 이건 편곡이 아니라 거의 성대모사의 달인에 가깝다. 어느 정도냐면, 언젠가 근처 나무에서 섬휘파람새 우는 소리가 들려 '와, 이런 곳에 섬휘파람새가 있구나' 하고 생각했는데, 곧바로 박새 울음소리가 들려왔다. 불가능한 일은 아니지만, 어딘가 이상했다. 박새는 보통 빽빽하게 자란 높은 나무 위에서 울기 때문이다. 의아하게 여기던 차에 이번에는 왠지 개개비과 새를 떠올리게 하는 묘한 울음소리가 들렸다. '엥?' 하고 고개를 갸웃하는 순간, "때때때때때!" 하는 때까치 울음소리가 들리더니 때까치 한 마리가 날아갔다. 그때까지 내가 들은 새 소리는 모두 그 때까치가 낸 소리였다.

하지만 때까치는 "다른 새소리를 흉내 내어 그 새가 다가오면 잡아먹는다"는 설도 있다. 그렇다면 이건 번식과는 조금 다른 이야기다. 만약 이 설이 사실이라면 때까치는 인간이 사용하는 버드 콜(새소리와 비슷한 소리로 새를 유인해서 잡는, 나무로 만든 작은 사냥 도구)과 비슷한 방식으로 사냥한다는 뜻이 된다.

이제 본론으로 돌아가자. 흉내 내는 새를 작품에 등장시키고 싶은데 까마귀가 존재하지 않는다면 어떻게 해야 할까? 이는 꽤 곤란한 문제다. 말하는 새라면 앵무목의 새나 구관조가 가장 잘 어울린다. 하지만 아무리 그래도 이 녀석들은 너무 애교가 넘치지 않나.

까마귀에게 애교가 없다는 말은 아니다. 앵무새나 구관조를 등장시켜서는 안 된다는 말도 아니다. 그렇지만 폭풍우 치는 밤에 갑자기 방으로 날아들어 냉정하게 "영영 없으리! 영영 없으리!"라고 외치는 앵무새라니…… 흠.

왠지 안 어울린다. 앵무새라 하면 해적 선장의 어깨 위에 살포시 앉아 있는 이미지가 떠오른다. 설령 무시무시한 욕을 배워 외친다 한들 그다지 위협적이지 않을 것 같다.

구관조도 어쩐지 어색하다. 아무래도 까마귀보다 작고 가벼워서인지 위압감이 느껴지지 않는다. 목소리 톤도 기본적으로 높다. 성인 남성만큼 낮은 소리도 낼 수는 있겠지만 자연스럽지 않다. 몸집이 작은 만큼 진동하고 공명하는 부분도 작아 새된 소리가 나는 것이니 어쩔 수 없지만 말이다.

까마귀가 잘생겼다, 못생겼다를 떠나서 사람들이 일반적으로 생각하는 이미지는 두렵고 위협적인 편이다. 이것은 인간이 만들어낸 이미지(만화 『명탐정 코난』의 '검은 조직'처럼)라고 할 수도 있지만, 아무래도 몸집이 크면 강해 보이기 마련이다. 게다가 까마귀는 왜가리처럼 호리호리하지도 않은 데다 부리도 크다. 만약 적의 어깨에 앉아 있는 새가 까마귀라면, 성우 오오츠카 아키오의 중후한 목소리로 "해치워버려……" 하고 낮은 목소리로 중얼거릴 것 같은 이미지다. 이 정도면 (영화 『킬 빌』의) 우마 서먼도 살아서 돌아가지는 못할 것 같다.

실제로 까마귀는 말을 꽤 잘하는 새다. 특히 큰까마귀처럼 몸집이 큰 종은 상당히 낮은 음역까지 낼 수 있어, 구관조보다 더 낮은 목소리로 말할 수 있다(물론 평소에는 다소 높은 음역을 쓰긴 하지만). 작품에 '큰까마귀'를 등장시킨 포의 선택은 탁월했다고 할 만하다.

까마귀가 사라지면 되도록 몸집이 큰 앵무새에게 대역을 맡길 수밖에 없다. 대표적으로 지능이 매우 높고 말도 잘하는 회색 앵무가 있다.

앵무새는 소리를 흉내 낼 때 울음통뿐 아니라 두꺼운 혀도 사용한다는 특징이 있다. 반면 대부분의 새들은 소리를 낼 때 구강을 거의 사용하지 않는다. 부리의 형태는 소리를 낼 때 마지막에 영향을 미치는데, 축음기의 나팔관이나 금관악기의 관 같은 구조로 되어 있어 소리를 공명하게 하고, 증폭시키는 역할을 한다. 부리는 단단한 구조이기 때문에 사람의 입술처럼 자유자재로 움직여 소리를 제어할 수 없다. 따라서 주파수를 세밀하게 조정할 때는 그다지 유용하지 않다. 대부분의 다른 새들 역시 혀가 가늘고 딱딱해서 소리를 낼 때 도움이 되지 않는다.

앵무새는 보통 새들과 달리 입안의 형태를 훨씬 유연하게 바꿀 수 있어 주파수를 능숙하게 조정한다. 소리를 낼 때 부리 역시 매우 독특하게 움직인다. 앵무새를 길러본 사람이라면 잘 알겠지만, 앵무새의 윗부리는 열린다기보다 슬라이드처럼 밀려 올라가듯 움직인다. 이는 부리 부분의 두개골 운동성cranial kinesis이 특이하기 때문이다. 두개골 운동성이란 뼈의 탄성으로 부리가 오므라들거나 뒤로 젖혀지듯 움직이는 현상을 뜻한다. 조류는 대부분이 두개골 운동성을 갖고 있지만, 앵무새는 그 정도가 특히 크고 극단적인 경우에 속한다.

이처럼 기묘하게 부리를 여닫는 방식은 먹이의 종류 및 먹이를 먹는 방식과 관련되어 있다. 설치류가 먹이를 갉작갉작 갉아 먹듯이 앵무새는 수직 방향으로 발달한 짧은 부리로 과육을 깎아내고, 구부러진 부리 속에 큰 씨앗을 고정한 채 수직으로 힘을 가할 수 있다. 문조 같은 새의 부리와는 다른, 단단한 먹이를 깨는 데 특화된 또 하나의 부리 형태다.

그러나 까마귀의 부리로는 이런 방식이 불가능하다. 한입에 삼킬 수 없는 먹이는 물고 잡아당기거나 아예 부리로 콕콕 쪼아서 부순다. 텃밭에서 키우던 오이를 까마귀 때문에 잃어본 적이 있는 사람은 잘 알 것이다. 까마귀는 오이를 따서 땅에 내려놓고, 발로 밟아 고정한 뒤 부리로 거칠게 쪼아서 부서진 파편을 먹는다.

오이뿐만 아니라 큰 과일도 이렇게 먹는다. 하지만 효율적으로 과일을 부수고 흩어진 과육을 모으려면 땅 위에서 해야만 한다. 나뭇가지에 매달린 열매를 상대로 부리로 쪼면 열매가 흔들려서 잘 부술 수 없고, 설령 부순다 해도 파편은 전부 땅바닥으로 떨어질 것이다. 이런 면에서 앵무새는 나무 위 열매를 먹고 씨앗을 먹는 생활양식에 잘 적응한 새다.

또 까마귀의 깨물근은 매우 강하지만, 그 길쭉한 부리는 '깨물어 부수는' 방향으로 진화하지는 않았다. 까마귀의 부리는 어

너무 똑똑해서 연구 대상인 **회색앵무**

디까지나 무엇인가를 쪼거나, 뼈에 붙은 살을 뜯을 때 사용하도록 발달한 것으로 보인다. 범용적인 나이프일 수는 있어도 호두를 깨는 도구는 아니다.

소리 이야기로 돌아가자. 앵무새류가 '말하는' 능력에는 부족함이 전혀 없지만, 소리가 중후하지 않다는 단점을 극복할 수 있을까?

회색앵무가 흉내 내는 소리를 들어보면 꽤 낮은 소리도 내곤한다. 하지만 평상시 사용하는 음역대는 아니다. 평소에는 인간이 듣기에 우스꽝스럽고 새된 소리로 말할 때가 많다. 그러므로 최대한 낮은 목소리로 "영영 없으리"라고 말해주길 바랄 수밖에 없다.

폭풍우 치는 밤, 창문이 '덜컹!' 하고 열리면서 비바람이 들이치는 동시에 한 마리의 회색앵무가 방 안으로 날아든다. 그리고 옷장에 걸터앉아 주인공을 내려다보다가, 한쪽 발로 커튼을 붙잡고 다리와 부리를 이용해 기어오른 뒤 즐겨 읽던 책을 물어뜯어 갈기갈기 찢더니 이렇게 말한다.

"영영 없으리."

안 되겠다. 아무리 애써도 우스꽝스러워질 뿐이다. 까마귀만큼 위압적인 장면이 나오지 않을 것 같다.

또 한 가지 비장의 카드로 큰거문고새를 생각해보았다. 오스트레일리아에 서식하는 지상성 조류인 큰거문고새는 하프처럼 휘어진 길고 구부러진 꽁지깃을 치켜세운 모습의 특이한 새다. 이 꽁지깃은 수평 방향으로 펼칠 수도 있는데, 다들 눈치챘겠지만 수컷만 달고 있다. 물론 이 화려한 장식은 성 선택(동물이 생존에 불필요해 보이는 특징을 발달시킨 것은 생존이 아닌 번식 때문이라는 찰스 다윈의 이론―역주)에 따라 진화한 결과다. 게다가 큰거문고새는 비범한 성대모사 능력까지 있다.

녀석들은 주변 소리나 다른 새의 소리를 잘 흉내 내며, 사육 환경에서는 인공적인 소리도 완벽하게 따라 한다. 차 시동 거는 소리, 전동 공구 소리, 카메라 셔터 소리, 휴대용 게임기 효과음까지 따라 한다. 젊은 독자들은 모를 수도 있지만, 디지털 방식이 아니라 필름을 사용하는 필름 카메라의 셔터 소리와 모터 드라이버 소리를 멋지게 따라 하는 영상을 본 적 있다. 큰거문고새는 슈팅 게임을 좋아했던 모양이다. '피용 피용' 연속 발사하는 전자음을 완벽하게 따라 하는 영상도 있다.

그러나 큰거문고새가 인간의 말소리를 흉내 내어 '말하는' 사례는 아직 발견된 적이 없다. 있더라도 극히 드물 터이다. 게다가 거의 땅 위에서만 활동하므로 창문으로 날아들 일도 없다. 하물며 폭풍우 치는 밤에 어슬렁거리다간 세찬 바람에 멋들어진 꽁지깃이 찢어질지도 모른다. 큰거문고새에게 '까마귀'의 대역을 맡겨서는 안 될 것 같다.

에드거 앨런 포의 시 「까마귀」는 문학 작품에 까마귀가 등장하는 대표적인 사례인데, 약간 어둡고 인간의 인지를 초월한 분위기, 높은 지능, 인간의 말을 하는 능력까지 전부 갖춘 대역을 찾기란 힘들 듯하다. 까마귀처럼 변한 앵무새가 비슷하게 진화할 가능성도 있지만, 현실의 앵무새를 생각하면 어딘지 모르게 우스꽝스럽다. 까마귀가 사라지면 문학계는 개성적인 등장인물을 하나 잃게 될지도 모르겠다.

엔터테인먼트에서
까마귀가 사라진다면

『포켓몬스터』

우선 『포켓몬스터』부터 살펴보자. 현실 세계에 니로우(까마귀를 모티프로 한 포켓몬)는 존재하지 않는다. 그러니 진화해서 돈크로우(니로우의 진화형 포켓몬, 이른바 '보스 까마귀'라는 이미지를 덧입힌 존재)가 될 수도 없다.

다만 니로우에 대해서는 할 말이 많다. 니로우라는 이름부터 짚어보자. 대부분의 까마귀가 까맣다지만, 까마귀 포켓몬이라고 이름까지 '검은negro 까마귀crow'로 붙여야 했을까. 그렇게까지 까마귀의 깃털 색을 강조하고 싶었던 걸까. 그리고 돈크로우는 또 뭔가. 생물학적으로 따지면 까마귀는 돈(Don, 이탈리아어로 '보스', '두목')의 명령에 복종하며 집단을 이루는 생물이 아니다. 그런 까마귀에게 범죄 조직의 이미지를 덧입히는 건 큰 실례다. 녀석들은 훨씬 자유분방하고, 그야말로 제멋대로 모였다 흩어지는 오합지졸烏合之卒이란 말이다(칭찬하려 했는데 말이 이상하게 나왔다).

게다가 포켓몬의 '진화'는 생물학적 의미의 진화가 아니다. 한 개체가 생활사에서 외형을 바꾸는 현상은 유충이 성충이 되는 과정과 마찬가지로 '변태'라고 한다. 하지만 걱정할 필요는 없다. 변신 영웅의 원조인 가면라이더가 "변……신!"이라 외치면서 변신하는 장면도 변태의 일종이다. 또 다른 특수촬영물의 주인공인 이나즈맨은 사나기맨이라는 번데기 시기가 있으니('사나기'는 번데기라는 뜻) 틀림없는 완전변태다. 가면(?)을 쓰고 변신하는 것도 마찬가지로 '변신 가면'이 아니라, '변태 가면'인 셈이다. 주인공인 시키조 쿄스케는 당당하게 자신을 '변태 가면'이라고 소개해도 좋겠다. 한편 데빌맨은 악마의 힘을 이용해 인간이 되는 것이니 '의태'의 한 종류라고 볼 수 있지 않을까.

『귀멸의 칼날』

작품에서 중요한 역할을 하는 까마귀로는, 한 시대를 풍미한 고토게 코요하루의 만화 『귀멸의 칼날』의 꺾쇠 까마귀가 있다. 귀살대원은 저마다 꺾쇠 까마귀를 데리고 있어서 본부와 연락을 주고받을 때 전령으로 이용한다. 내 착각일지도 모르지만, 주인공 카마도 탄지로가 귀살대에 들어갔을 때 배정받은 까마귀의 입안이 붉었던 것 같다. 그렇다면 아직 어린 개체라는 뜻이다. 신입에게 어린 까마귀를 붙여주며 함께 성장해나가라는 의미일지도 모른다. 아니, 그렇다기에는 태도가 굉장히 오만했는데 "이놈들아! 다음 장소로 출발해라!"라고 고압적으로 말하는 장면을 보면 "혹시 실전 경험이 풍부한 베테랑을 신입의 지원자로 붙여준 것은 아닐까?" 하는 생각도 든다.

그런데 왜 이런 역할을 맡은 새가 까마귀인가 하면…… 일본에서 사람 말을 하는 새가 사실상 까마귀밖에 없으니 어떻게 보면 당연한 일이다. 『귀멸의 칼날』의 배경인 다이쇼 시대(1912~1926년)라면 앵무새를 들여오는 것도 불가능하지는 않았을 것이다. 그러나 귀살대는 다이쇼 시대에 갑자기 생긴 조직이 아니라, 아주 먼 옛날부터 활동해온 집단이다. 앵무새는 나라 시대(710~794년)부터 중국을 거쳐 일본에 전해졌다고 하지만, 어디까지나 값비싼 외래종이었다. 그런 앵무새를 대규모로 확보해 조직 전반에 보급하는 일은 현실적으로 어려웠을 것이다.

게다가 까마귀는 인간의 얼굴을 기억한다. 그래서 탄지로에게 날아와 "동북동 방향으로 가라!"라고 명령을 전달하기도 한다. 다른 새들이 못 한다는 것이 아니라, 까마귀라면 확실하게 분간할 수 있다는 연구 결과가 있다는 뜻이다. 하나하나 연구해보면 까마귀 못지않은 새들이 있을지도 모른다.

또한 야타가라스를 보면 알 수 있듯이 까마귀가 태양을 상징한다는 점 역시 중요하다. 귀살대의 적인 도깨비(혈귀)의 약점은 햇빛이다. 그러므로 태양의 사자인 까마귀가 귀살대의 전령을 맡는다는 설정은 상징적이면서도 큰 의미가 있다.

그런데 만약 까마귀가 사라지면 어떻게 될까?

……난처하게 됐다. 일본에는 위와 같은 조건을 만족하는 다른 새가 없다. 설령 독수리나 콘도르가 까마귀의 지위를 차지하더라도 그 거대한 몸으로 푸드덕거리며 날아와 이쪽을 내려다보고 있으면 섬뜩하기만 할 것이다. 게다가 말도 못 한다. 굳이 따지자면 혈귀 편이라는 설정이 더 어울리지 않을까…….

유일한 가능성은 앵무새가 일본에 훨씬 이른 시기에 퍼졌을 경우다. 그랬다면 앵무새는 오래전부터 일본에서 흔한 새였을 것이고, '꺾쇠 앵무'라는 이름으로 귀살대에서 전령 노릇을 하고 있었을지 모른다. 천재 앵무새로 알려진 회색앵무 '알렉스'처럼 실제로 인간의 언어를 이해하고 말한 사례도 있으니, 작중에서도 돌발 상황에 맞닥뜨렸을 때 스스로 판단해 말하는 것 정도는 가능했을지 모른다. 전령으로는 안성맞춤이다.

단순히 연락을 주고받는 것만이 목적이라면 통신용 비둘기인 전서구를 이용하는 선택지도 없지는 않다. 발에 작은 통을 달아 문서를 넣고 날려 보내면 되기 때문이다. 그러나 이 방법으로는 비둘기 자신이 직접 보고 들은 내용을 전달할 수는 없다. 예컨대 렌고쿠가 아카자와 싸우다가 목숨을 잃었을 때 주^柱들의 저택으로 돌아가 비보를 전하는 일은 불가능해진다.

무엇보다 전서구는 어딘가 음지의 수단처럼 느껴지지 않는다. 유럽에서는 오래전부터 수도원 간의 교류나 군사용 목적으로 전서구를 이용했다. 농담이 아니라 제1차 세계대전까지는 적의 전서구를 격추할 목적으로 조류 사냥용 총이 군대에 지급되었고, 매를 날려 방해하려 했다는 기록도 있다. 그래서인지 전서구는 역사의 본무대, 정사正史에 등장한다는 인상이 강하다. 애초에 구약 성경에서 임무를 완수한 새도 비둘기 아니던가. 같은 임무를 맡고 방주를 떠났지만 까마귀는 결국 비둘기의 그림자에 가려지고 말았다.

그래서 비둘기는 비밀 조직인 귀살대와 그다지 어울리지 않는다. 까마귀에게서 풍기는 미묘한 '뒷골목스러움'이 부족하기 때문이다.

『미소녀 전사 세일러문』

『미소녀 전사 세일러문』에도 까마귀가 등장한다. 세일러 마스인 비키는 포보스와 데이모스라는 까마귀를 데리고 다닌다. 북유럽 신화의 최고신 오딘의 어깨 위에 앉아 있는 까마귀 후긴과 무닌을 모티프로 했을 테지만, 화성의 세일러 전사에게 화성의 두 위성 이름을 가진 새 두 마리를 붙여주다니, 센스가 좋다. 게다가 비키의 집은 신사이므로 일본 신화에서 살짝 차용한다고 해도 까마귀만큼 잘 어울리는 선택지는 없을 것이다.

만약 세상에서 까마귀가 사라진다면, 세일러문 세계관이 신화와 관련되어 있는 만큼 비키가 신화에 맞출 수밖에 없다. 신의 새이자 태양의 사자라면……

일본 신화에 나오는 새 중 떠오르는 것은 금치金鵄, 즉 황금빛 솔개다. 진무 천황의 정벌 신화에 따르면 지팡이 끝에 앉은 황금빛 솔개가 태양빛을 반사해 번쩍거리자, 적들은 눈이 부신 나머지 그를 겨냥할 수 없었다고 한다. 태양의 빛과 화성의 불은 의미가 조금 다르긴 하지만, 이 정도는 그냥 넘어가도 되지 않을까? 문제는 사이즈다. 솔개는 몸길이가 약 70센티미터, 날개를 펼치면 160센티미터 이상이고 체중은 약 1.5킬로그램이다. 여중생의 어깨에 앉기에는 아무래도 너무 크지 않을까. 일본 신화에는 할미새도 나오지만, 전투력이 영 불안하고 정보통 노릇도 할 수 없다. 무엇보다 등장하는 장면이 장면인 만큼 왠지 교육 방송 느낌이 날 것만 같다.

일본 신화에는 꿩도 등장하지만, 좋은 역할로 나오지는 않는다. 지상을 다스리던 신들을 대신해 천상에서 새로운 신이 내려와 세상을 다스리게 되었는데(정확히 말하면, 다른 신들이 그렇게 정했다), 그에 앞서 하늘에서는 땅의 지배자에게 전령을 보내 "곧 우리 쪽 후계자가 내려갈 테니, 괜히 큰일 만들지 말고 땅을 넘겨라"라고 전한다. 쉽게 말해 사전 협상이다.

그런데 협상을 맡겨 보낸 전령이 3년이 지나도록 돌아오지 않는다. 그래서 또 다른 신을 내려보냈더니, 이 신은 땅의 지배자의 딸에게 반해 결혼까지 한다. 또 8년이 되도록 소식이 없자, '나키메'라는 신이 꿩으로 변신해 무슨 일이 벌어졌는지 살피러 땅에 내려온다.

하지만 주변의 꼬드김에 넘어간 전령은 이 꿩을 활로 쏘아 죽이고 만다. 더구나 그 화살이 하늘까지 날아가버리는 바람에 최고신의 손에 들어가고, 화살의 주인이 누구인지까지 들통난다. 최고신은 전령이 신들을 배신했을지 모른다는 의심 끝에 "사악한 마음이 있다면 이 화살에 맞을 것이다"라는 서약과 함께 화살을 다시 쏜다. 결국 화살은 본래의 주인을 맞히고, 전령은 죽는다.

아무튼 일본 신화에서 꿩은 등장하자마자 화살에 맞아 죽는 역할로 나온다. 이건 좀, 모양이 빠지지 않나. 게다가 천상과 지상의 싸움이라면, 지구의 왕자인 레온(턱시도 가면)이 끼어들 자리가 없어지고 만다.

이제 남은 새는 닭밖에 없다. 신사에서 닭을 키우기도 한다지만 만화로 그려졌을 때 그림이…… 어떨지 잘 모르겠다. 다만 만화 『동물의사 Dr. 스쿠르』의 히요짱 같은 닭을 데리고 다닌다면, 일단 최강의 세일러 전사가 되는 것은 가능할지도 모른다. 작품 속에서 히요짱은 아무도 당해낼 수 없는 최강의 생물이기 때문이다. "화성을 대신해서 널 혼내주겠어!"라고 말할 틈도 없이 순식간에 다크 킹덤을 무찌를 수 있고, "환상의 불꽃, 마스 파이어!" 같은 필살기도 필요 없다. 역시 턱시도 가면이 나설 필요도 없다.

아니, 어깨에 올리고 다닐 새라면 앵무새도 대안이 될 수는 있다. 문제는 어깨에 앵무새를 올리고 있으면 그야말로 해적 선장처럼 보인다는 점이다(까마귀가 없는 세상에서도 앵무새가 해적의 상징일지는 알 수 없지만, 이 부분은 넘어가자). 영화 『컷스로트 아일랜드』*나 『캐리비안의 해적』 시리즈도 나쁘지는 않지만…… 과연 세일러 전사와 어울릴까?

■ 제작비 1억 달러, 흥행 수입 1,000만 달러로 9,000만 달러의 적자를 기록한 영화지만, 내용은 그렇게 나쁘지 않다. 거리와 해적선 촬영장을 컴퓨터 그래픽이 아닌 실제 세트로 만들고는 전부 폭파하는 등의 무리수를 두었던 점이 대규모 적자의 원인이라고 생각한다.

『둘리틀 박사의 바다 여행』

대형 앵무새류의 전투력으로 말하자면, 절대 만만하게 봐서는 안 된다. 이들의 부리는 상당히 위력적이어서, 개인적으로는 절대 물리고 싶지 않은 새 가운데 하나다. 『둘리틀 박사의 바다 여행』에서 둘리틀 박사가 거미원숭이섬의 원주민 백재그더래그 Bag-jagderags족과 싸울 때, 지원군으로 온 브라질의 앵무새 군대가 원주민 전사들이 물러날 때까지 멈추지 않고 귓불을 깨무는 흉악한 작전을 펼친다(그 뒤로 깔쭉깔쭉한 귀는 원주민 부족 사이에서 용감한 전사의 증표가 되었다고 한다).

그러고 보니 둘리틀 박사의 모험 시리즈에는 까마귀도 등장한다. 『둘리틀 박사와 비밀의 호수』는 성경에 나오는 대홍수와 방주 이야기를 차용해 만든 곁가지 형식의 작품인데, 여기에서 '큰까마귀'가 등장한다. 이 책에 따르면 노아의 가족 외에도 대홍수에서 살아남은 가자와 에버라는 두 아이가 훗날 인류의 조상이 된다. 두 아이는 강대한 마슈투 왕에게 점령당한 나라의 국민이었지만, 노예로 끌려온 처지였다.

방주에 오르는 것을 허가받지 못한 두 아이를 큰거북이 '진흙얼굴'과 그의 아내 벨린다, 그리고 다툼이 끊이지 않는 방주가 지겨워 도망쳐 나온 큰까마귀가 돕는다.▪ 성경에서 까마귀는 임무를 받고 밖으로 날아갔다가 돌아오지 않았지만, 이 작품에서는 스스로 방주에 남기를 거부하고 뛰쳐나온 것으로 묘사된다. 큰까마귀는 자신의 지혜를 살려 여러모로 도움을 주고 마지막에는 두 사람이 대서양을 건너 새로운 땅으로 향하도록 안내해주기까지 한다. 역시 휴 로프팅 선생이다.

그렇다면 이 이야기에서 까마귀가 사라지면 어떻게 될까. 애초에 『둘리틀 박사』 시리즈는 성경을 풍자한 작품이므로 성경을 바탕에 둘 수밖에 없다. 앞에서도 설명했다시피 까마귀가 사라지면 성경에 등장할 새는 아무래도 매가 될 터인데…… 이미지가 조금 다르지 않나 싶다. 이곳에서도 역시 까마귀가 가진 '신체 능력보다는 머리로 해결하는 이미지'가 필요하다. 그렇다면 이 자리 역시 앵무새 같은 새에게 부탁할 수밖에 없을 듯하다.

『기동경찰 패트레이버 극장판』

까마귀가 등장하는 애니메이션으로는 『기동경찰 패트레이버

■ 작가인 휴 로프팅은 자유주의자로, 성경의 선민사상 부분이 마음에 들지 않던 모양이다. 그는 노아 일행을 매우 세속적이고 하느님의 계시를 교조적인 태도로 따라서 말할 뿐인 무능한 인물로 묘사한다. 또한 로프팅이 집필하던 당시 시대 배경을 고려하면 마슈투왕이 등장하는 대목에 나치 독일을 비판하는 의도가 담겨 있다고 보는 시각도 있다. 참고로 새로운 대륙에 정착한 에버와 가자의 자손은 '동양인'과 전쟁을 벌이는데, 이는 아무래도 태평양 전쟁을 가리키는 듯하다.

극장판』도 있다. 호바 에이이치가 기르는 큰까마귀가 굉장히 멋지게 그려졌는데, '까마귀가 존재하지 않는 세상'이라면 이 설정 자체가 불가능하다. 물론 이 큰까마귀 자체에 특별한 의미나 상징이 있는 건 아니다. 다만 예호바('야훼'가 잘못 구전된 발음. 호바 에이이치의 별명이기도 하다—역주), 방주, 바벨 등 기독교와 관련된 상징들이 잇따라 등장하는 가운데, 반기독교적 존재가 필요해 큰까마귀를 넣은 듯하다. 호바는 "이렇게 지루한 세계에 나를 존재하게 만든 신을 용서할 수 없어"라고 말할 정도로 신을 싫어하는 인물이다. 그런 그에게 성경에서 방주를 떠나 돌아오지 않았던 바로 그 까마귀를 붙여준 데는 어떤 의도가 있었을까. 이 작품에서는 까마귀가 성경과 달리 '방주'로 잘 돌아온다(방주라고 부르지만 사실 도쿄만 재개발용 해상 플랫폼이다). 그때 입에 물고 온 것은 올리브 잎사귀가 아니라, 바다로 뛰어들어 사라진 호바의 ID 태그였다. 호바 본인의 생사에는 아랑곳없이 그의 위치를 송신하는 시스템에 대한 비아냥일까. 어쩌면 범인을 잡기 위해 표시된 위치에 도착한 노아에게 "영영 찾을 수 없으리"라며 비웃는 것이 목적이었을지도 모른다. 어느 쪽이든 이번에도 성경의 영향을 받을 수밖에 없다. 까마귀가 사라지면 매를 대신 날려 보내게 될까. 그렇게 되면 매사냥처럼 보여서 호바의 무법자 같은 인상이 흐려질 것 같다.

그러고 보니, 초반에 호바가 머리를 쓰다듬자 큰까마귀가 가볍게 목을 움츠리며 눈을 감는 장면이 있다. 실제 새 같으면서도 주인과의 신뢰 관계가 엿보여 흥미로웠는데……. 최근 다시 감상하면서 발견한 부분이 있다. 이 장면에서 까마귀의 눈이 위에서 아래로 감기는 것처럼 묘사되었는데, 새는 원래 눈을 아래에서 위로 감는다. 꼭 감은 컷을 보면 아래에서 위로 올려 닫은 것처럼 보이기는 하지만, 미묘하게 다르다.

이 부분을 제외하면 콧등의 깃털도 제대로 그려져 있고, 큰까마귀를 정말 멋지게 묘사했다.

『고양이의 보은』

스튜디오 지브리의 애니메이션 『고양이의 보은』에 등장하는 토토도 까마귀다. 작중에서는 "녀석은 토토야. 영혼을 가진 동상이지"라고 소개될 뿐이고 정식으로 까마귀라고 언급된 적은 한 번도 없지만, 틀림없이 큰부리까마귀다. "저장해둔 뽕나무 열매를 가져올게"라는 대사 역시 까마귀답다(까마귀는 뽕나무 열매를 먹고, 저장도 한다). 게다가 마지막 장면에서는 '동료'들을 모아 까마귀 계단을 만들어 하늘에서 떨어지는 하루 일행을 돕는데, 이는 명백히 까마귀다운 행동이다. 나는 영화관에서 인형을 살 정도로 토토의 팬인데, 만약 까마귀가 사라지면 토토는 어떻게 바뀔까?

한국에서 사랑받는 **까치**

히이라기 아오이가 그린 원작 만화에서 토토는 까마귀가 아니라 까치다. 까마귀과이기는 해도 까치속이므로 문제없다. 그러니까 토토는 원작대로 까치를 등장시키면 된다. 다만 살찐 고양이 무타가 "(밤이면) 새까매서 안 보인다, 야"라고 놀리는 장면은 살짝 수정할 수밖에 없다. 까치는 흰색과 검은색이 섞여 있어서 '한밤중의 까마귀'처럼 놀리는 맛이 없다. 그리고 동료들을 모을 수 있을지도 애매하다. 애니메이션처럼 까치를 많이 모으려면 일본에 사는 까치만으로는 힘들지 않을까? 가능하다고 해도 일본 규슈의 일부 지역 정도뿐일 것이다. 일본의 까치는 사가현을 중심으로 한 규슈 일부(구마모토현과 후쿠오카현)와 홋카이도의 도마코마이시와 무로란시 주변에만 분포하기 때문이다.▪

아, 아예 한국에서 드라마로 만들면 까치로 바뀌어도 전혀 문제가 없다. 까치는 한국에 많이 서식하고 심지어 한국 사람들이 좋아하는 새이기도 하다.

토토의 대역으로는 까마귀 대신 카라카라가 등장할 수도 있다. 토토는 평상시 석상으로 광장에 있는데, 카라카라는 우뚝 선 자세며 바람에 나부끼는 머리 깃이며 풍채가 멋지고 당당해 잘

- 까치는 유라시아에 널리 분포하는 새지만 어째서인지 일본에는 거의 분포하지 않는다. 규슈의 까치는 도요토미 히데요시가 조선을 침공했을 때 일본으로 가져간 새라는 이야기가 전해진다. 사실인지는 알 수 없지만, 유전자가 대륙에 분포하는 새와는 다소 차이가 있어 상당히 오랜 옛날부터 일본에 서식했던 것만큼은 확실하다. 그러나 분포가 지나치게 국소적이고 화석도 출토되지 않아 인위적인 분포라는 의견도 일리가 있다.

까치가 종종 배로 이동한다는 점도 해석에 지장을 준다. 배에 오른 까치를 선원이 귀엽게 여겨 다음 기항지까지 히치하이크로 가기도 하기 때문이다. 홋카이도의 개체군은 러시아의 개체와 유전적으로 거의 일치하므로 아주 최근에 러시아에서 내려왔으리라고 여겨진다.

몸을 구성하는 탄소와 질소의 안정동위원소를 해석한 결과 홋카이도의 까치는 상당히 오랫동안 애완동물 사료를 먹었을 것으로 추정되는데, 이런 먹이 자원이 정착을 도왔으리라 생각한다. 달리 말하면 이런 먹이터가 없다면 일본을 찾은 개체가 있더라도 살아남아 번식하기는 어려울지도 모른다는 뜻이다.

동해를 중심으로 까치의 목격담을 많이 접할 수 있으므로 까치가 다른 지역에서 날아올 가능성이 없다고는 할 수 없다. 그러나 날아오거나 배에 몰래 타는 개체가 있더라도 먹이 조건이 맞지 않아 아무도 모르게 사라져버리고 있을지도 모른다.

어울릴 듯하다. 무엇보다 주인공 하루를 납치한 고양이들을 쫓아 밤거리를 날아다니는 장면이 중요한데, 까마귀인 토토는 고양이들을 바싹 뒤쫓지만 결국 놓치고 만다. 그러나 카라카라는 매의 친척이다. 하늘에서 조류를 잡아먹는 매만큼은 아니어도 까마귀보다는 더 안정적으로 비행 묘기를 펼칠 수 있다. 다만 이 경우 다과회에 뽕나무 열매가 아니라 동물의 사체를 가져올 테지만, 어차피 음식을 먹기도 전에 하루는 고양이들에게 납치당하니 상관없지 않을까.

능력만 놓고 보면 원래의 토토보다 카라카라가 훨씬 뛰어나다. 하지만 추격 장면에서 고양이들을 따라잡아버리면 하루가 바로 구출되는 바람에 고양이 왕국에서 유키와 만날 수 없을뿐더러 무타의 정체도 베일에 싸인 채 끝날 테고, 고양이 왕과 바론의 결투도 볼 수 없게 되는데……. 스토리를 생각하면 비행 능력이 부족한 편이 더 재미있을 듯하다.

『까마귀네 빵집』 시리즈

까마귀가 나오는 작품이라면 명작 『까마귀네 빵집』 시리즈를 빼놓을 수 없다. 하지만 애초에 이 작품은 굳이 까마귀가 주인공일 필요는 없을 것 같기도 하다. 까마귀는 동요 「일곱 아이」의 영향으로 자식을 매우 아끼는 이미지도 있고, 왠지 모르게 요령이 좋아 보이니 주인공으로 어울린다면 어울린다고도 할 수 있다. 만약 주인공이 콘도르라면 그림책으로 하기엔 다소 어려울 것 같다. 앵무새라면 괜찮을지 모르지만 '까마귀네', '빵집'처럼 이색적인 느낌은 들지 않는다.

아니, 이건 그림책이니까 현실의 까마귀가 어떻게 행동하는지, 주인공은 꼭 말하는 새를 모델로 해야만 하는지, 이런 것에 얽매일 필요는 없다. 참새여도 상관없다. 다시 말해, 주인공으로 까마귀가 꽤 잘 어울린다고 생각하지만 다른 새도 주인공이 될 수 있다는 뜻이다.

다만 조류학적 관점에서 한 가지는 말하고 싶다. 이 책의 '까마귀'는 부리가 노란색이다.▪ 노랑부리까마귀인 걸까? 그렇다면 애초에 까마귀속이 아니다. 배경이 유럽 알프스였던 것일까?

그리고 책에 등장하는 빵집의 새끼까마귀들을 보자. 하얀 얼굴이 큰 특징이다. 이러한 조건을 모두 충족하는 새는 유럽에 서식하는 떼까마귀 혹은 뉴기니섬의 회색까마귀다. 떼까마귀라 하면 노랑부리까마귀보다 훨씬 크다. 게다가 얼굴의 깃털은 어른이

▪ 앞에서도 말했지만 한 번 더 말하려 한다. 사람들이 '까마귀'의 삽화나 캐릭터를 그릴 때 부리를 매번 노랗게 그리는 이유를 도무지 알 수가 없다. 까마귀의 부리는 탁한 금속광택을 띠는 검은색이다. 노란색으로 그리는 이유는 디즈니 애니메이션 『덤보』에 등장하는 까마귀의 인상이 너무나 강렬했기 때문이 아닐까.

되어야만 빠진다. 회색까마귀라면 새끼일 때 갈색이었던 깃털이 크면서 회색으로 바뀐다.

운치 없이 학문적으로 파고들면 끝이 없다. 이런 부분은 너무 깊이 따지지 않는 편이 좋다.

『하필이면 까마귀가 되어버렸다』

주인공이 다른 세계에서 새롭게 전생轉生한다는 식의 전생물도 한번 들여다보자.

전생했더니 슬라임이 되기도 하고, 용사나 마왕이 되기도 하고, '슬로 라이프(이름 그대로 느긋하고 평범한 일상을 보내는 내용이 메인 스토리인 판타지 일상물—역주)'의 세계로 옮겨가기도 하고, 망해가는 영지를 맡은 영주가 되거나, '최애' 아이돌의 자녀가 되기도 하고, 심지어는 밭이나 온천 같은 무기물로까지 전생할 정도니 나올 만한 소재는 다 나온 것도 같은데, 주인공이 까마귀로 전생한 작품도 있을까?

있다. 20년도 더 된 작품인 것 같은데, 아버지가 죽은 뒤 까마귀가 되어 가족을 지켜보는 내용의 만화를 본 기억이 있다……. 하지만 안타깝게도 제목을 잊어버렸다. 검색해봤지만 찾을 수 없었다.

최근에는 문자 그대로 『하필이면 까마귀가 되어버렸다』라는 작품도 나왔다. 까마귀를 별로 좋아하지 않는 나라에서 까마귀로 전생해버렸다는 내용으로, 한국 웹툰이 원작이다. 사실 한국에서는 일본의 까마귀처럼 '도심에서 흔하게 볼 수 있는 새'라는 이미지가 약해서, 독자들이 잘 떠올릴 수 있을지 의문이다.

『잘 자요 까마귀, 또 봐요』

이쿠에미 료의 만화 『잘 자요 까마귀, 또 봐요』에도 까마귀가 등장한다. 엉뚱한 인연으로 정통 바를 이어받게 된 엉터리 바텐더의 이야기로, 까마귀는 죽은 전임 마스터의 영혼처럼 때때로 등장한다. 환영처럼 나오는 이 까마귀는 몸이 하얗다. 바의 마스터가 비둘기나 참새였다면 지나치게 얌전하고, 그렇다고 올빼미로 바꾸자니 도심의 거리에 잘 녹아들 것 같지 않다. 어딘지 모르게 신비하고 영적이면서, 번화가에 있어도 어색하지 않은 새라면 까마귀가 가장 잘 어울린다. 이 이야기의 무대인 삿포로는 까마귀가 매우 많고 인간과의 거리도 멀지 않은 도시다. 대역을 찾는다면 '거리에 흔히 있으면서 중형에서 대형 정도 몸집에 약간 험상궂은 인상의 새'여야 한다. 다시 말해 까마귀의 생태적 지위를 이어받은 새라면 무엇이든 가능하다. 마스터의 살아생전 인상을 생각하면 오히려 올빼미가 더 잘 어울릴 것 같긴 하지만 말이다.

『곰과 까마귀』, 『영구 기관 오목눈이』

잔잔하게 웃으면서 볼 수 있을 줄 알았는데, 뜻밖에 묵직한 주제로 눈물샘을 자극한 한의 『곰과 까마귀』, 귀여움으로 승부를 보는 작품인가 싶었는데 역시 결말에서 울어버린 세이슌의 『영구 기관 오목눈이』에도 까마귀가 등장한다. 이 역시 '까마귀의 생태적 지위에 적합하고 까마귀와 비슷하게 행동하는 새'면 충분하므로 앵무새든 카라카라든 괜찮을 듯하다. 그러나 『곰과 까마귀』의 경우에는 꽤 현실적인 까마귀의 생태가 복선이므로, 까마귀가 아닌 새를 대역으로 내세우면 줄거리가 바뀔지도 모른다. 여기서 결말까지 말하지는 않겠지만, 어째서 송장까마귀가 산속에 있는지는 딴지를 걸고 싶다.[■] 곰을 도우려고 산으로 향했다면 그렇구나, 하고 넘어갈 수밖에 없지만 말이다.

『과장님은 까마귀!』

치도리아시가 그린 까마귀와 인간의 BL 만화 『과장님은 까마귀!』와 『남편은 까마귀!』에서는 신의 사자라는 설정을 유지해야 하므로 일본 신화에 등장하는 다른 새로 바꾸든지 아예 신화의 내용을 바꿔야 할지도 모르겠다. 하지만 그러면 슈퍼 달링 과장

[■] 저자가 '송장까마귀의 이미지'라며 SNS에 올린 적이 있다.

님이 까마귀에서 솔개나 닭이나 앵무새로 바뀌어버릴 텐데…….

『심야식당』

마지막으로 『심야식당』을 소개한다.

앞에서 실컷 "까마귀는 새벽을 알리는 새"라고 말했는데, 며칠 전 까마귀가 한밤중에 등장하는 작품을 발견하고 말았다. 텔레비전 드라마판 『심야식당』이다. 오프닝 영상에서 초승달을 배경으로 화면을 가로지르는 녀석이 나온다. 밤이라 박쥐인가 싶었는데 영상을 일시 정지하고 확인해보니 까마귀였다. 머리와 부리 모양으로 보아 큰부리까마귀 같았다.

무대가 신주쿠라는 것을 고려하면 큰부리까마귀가 가장 잘 어울리는 데다 까마귀라고 밤에 전혀 활동할 수 없는 건 아니다. 실제로 모리시타 교수와 세키구치 교수의 연구[14]에 따르면 한밤 중에 다른 둥지로 이동하는 까마귀도 발견된 적이 있다. 둥지에 침입자가 들어오면 놀라서 날아다니기도 하고 "깍깍" 울며 밤하늘을 가로지르는 모습도 한두 번 본 게 아니다(자주 있는 일은 아니지만). 그러므로 까마귀가 한밤중에 전혀 활동하지 않는다는 말은 사실이 아니다. 그러나 까마귀의 야간 시력은, 평소처럼 행동하기에는 역부족일 것이다. 무리해서 움직이더라도 먹이를 못 찾을 수도 있고 야행성 포유류에게 습격당할 위험도 있는 데다 움직인 만큼 배가 고파진다는 점을 생각하면, 제 실력을 발휘하지 못할 시간대에는 쉬거나 자는 편이 나을 듯하다.

도시처럼 빛이 가득한 환경에서도 까마귀의 습성이 바뀌지 않는다는 점은 흥미롭다. 한때 "도시의 까마귀가 야행성으로 바뀌어 24시간 내내 쓰레기를 헤집을 것"이라는 의견까지 나왔지만, 이러한 사례는 여태 관찰된 적이 없다. 까마귀는 그만큼 도시에 적응하면서도 '태양의 새'로서 활동 시간만큼은 철저하게 지키고 있다.

인공광을 이용하는 새가 없지는 않다. 제비는 해가 진 뒤에도 종종 버스 정류장이나 가로등의 불빛을 이용해 먹이를 찾는다. 곤충은 인공광에 이끌리기 때문에 먹이를 잡을 시간도 늘어나는 셈이다. 너무 많이 움직여서 체력을 다 쓸 위험도 있지만, 먹이가 풍부한 시골에서 해가 떠 있는 동안에만 먹이를 찾아다니는 경우와 곤충이 적은 도시에서 가로등 불빛을 이용해 오랫동안 날아다니며 먹이를 모으는 경우 중 어느 쪽이 좋은지는 단순 비교하기 어렵다. 솔부엉이도 때때로 전깃줄에 앉아 가로등 불빛에 다가오는 대형 곤충을 노리곤 한다.

아무튼 『심야식당』의 오프닝 영상처럼 까마귀가 밤하늘을 조용히 날아다니는 모습도 비현실적이지는 않다. 연출 측면에서 보면 "하루가 끝나 집으로 향하는 발걸음을 서두르는 사람들. 하지만 무언가 더 남은 듯한 기분에 다른 곳을 들르고 싶은 밤도 있다"와 같은 내레이션을 떠올리게 하는 영상이라고 할 수 있다.

만약 까마귀가 사라지면 어떻게 될까. 밤하늘을 조용히 날아다니는 새라면 해오라기가 바로 떠오른다. 해오라기는 기본적으로 야행성 조류다. 밤하늘에서 "과악" 하는 쉰 소리가 들린다면 해오라기가 날아다니며 울고 있는 것이다. 그래서 일본에서는 해오라기를 밤까마귀라고도 부른다.

'신주쿠에 과연 해오라기가 살까?' 하고 생각할 수도 있는데, 의외로 평소에 도심에서 보기 힘든 새들이 신주쿠역에 들르곤

쉰 소리로 울며 밤하늘을 비행하는 **해오라기**

한다. 2020년에는 동쪽 출구에 붉은해오라기가 내려앉았다는 기사가 있었다. 나도 2020년, 2021년에 연달아 동쪽 출구 광장에서 동양개개비를 발견했다. 심지어 녀석은 나무 위에 앉아 지저귀고 있었다. 하지만 해오라기라면 역시 물가일 확률이 높다. 신주쿠 일대라면 아무래도 연못이 있는 신주쿠 교엔이 어울리지 않을까.

먹잇감은 하나조노 신사 근처에서 찾을 수 있을 텐데, 신주쿠 교엔에서 거리가 몇백 미터에 불과해 해오라기가 이동하기에도 무리가 없다. 다만 이 장면이 주는 일말의 쓸쓸함은 원래가 야행성인 해오라기로는 표현하기 어렵다. 밤이 되었는데도 보금자리로 돌아가지 못하고 하늘을 나는 까마귀를 표현한 장면이기 때문이다.

결론

까마귀와 외형이나 습성이 비슷한 새가 있다면, 완벽하지는 않더라도 그럭저럭 역할들을 대체할 수 있다. 아예 해오라기를 대역으로 내세울 수 있는 장면도 있다. 그러나 '신의 새'라면 어느 정도 그 이름에 걸맞은 신비한 외형이 필요하므로 의외로 어려울지도 모르겠다.

개인적으로는 '전 세계에 널리 분포하는 카라카라'나 '잡식성으로 진화한 맹금류'가 멋지지 않을까 싶다. '잡식성 앵무새'도 다양한 장면에서 활용할 수 있어 작품 속 캐릭터로 활용하기 쉽지 않을까. 다만 해 질 녘의 까마귀처럼 왠지 모르게 쓸쓸한 분위기는 좀처럼 대역이 따라 하기 힘들어 보인다.

이름에서 까마귀가 사라진다면

새 이름에서 까마귀가 사라진다면

'까마귀'라는 새는 없다. 전부 '○○까마귀'다.

그런데 복잡하게도 이름은 분명 '○○까마귀'인데 실은 까마귀가 아닌 새들이 많다.

이를테면 물까마귀는 참새목 물까마귀과 새여서 까마귀와는 아예 다르다. "계곡에 살면서 까마귀처럼 검은색이니 물까마귀라고 하자!" 이렇게 해서 붙은 이름이다. 그러나 물까마귀의 검은색은 까마귀의 윤기 나는 검정보다 갈색에 가깝고 광택도 없다.

까마귀가 사라지면 당연히 물까마귀라는 이름도 붙을 수 없다.

일본에서 물까마귀를 부르는 이명異名이나 지방명을 찾아보니 '강굴뚝새'라는 이름이 있었다. 강가에 사는 굴뚝새라는 뜻이다. 굴뚝새도 참새목 근연종이고, 짧은 꼬리를 빳빳하게 세운 모습도 물까마귀와 닮았다. 다만 굴뚝새는 주로 좁은 골짜기에 사는데, 앞에 '강'을 붙여도 될지 의문이다. 물까마귀는 계곡으로 날아들어 물 밑에 사는 수생 곤충을 잡아먹으니 차라리 '물바위굴뚝새'가 더 어울리지 않을까. 의미를 따지면 물바위굴뚝새도 좋지만 쇠바위종다리라는 새가 있어 혼동할 수 있으니 그만둬야겠다(일본어로 물바위굴뚝새는 '가와쿠구리', 쇠바위종다리는 '가야쿠구리'다—역주).

잣까마귀도 마찬가지다. 짙은 갈색 바탕에 흰 반점이 흩뿌려진 듯 섞인 잣까마귀는 고산성 조류이며 일본에서는 성체만 목격될 뿐 둥지와 알이 발견되지 않았던 새이기도 하다. 그러나

미스터리한 새 **잣까마귀**

1956년에 조류학자 기요스 유키야스가 높은 솔송나무 위에서 둥지를 발견하면서 일본 내에서의 번식이 처음으로 확인되었다는 기록이 남아 있다.

잣까마귀는 까마귀속은 아니지만 까마귀과에 속하므로 일단은 까마귀의 친척이다. '까마귀가 사라진다면'이라는 가정은 까마귀속이 사라진다는 가정이므로 잣까마귀는 사라지지 않는다. 그러나 까마귀가 존재하지 않으므로 이름을 잣까마귀라고 붙일 수는 없다. 『야생 조류 사전』(기요스 유키야스 지음, 도쿄도슛판)에 따르면 잣까마귀의 다른 이름은 떼까마귀, 송장까마귀, 흰까마귀, 얼룩무늬까마귀, 야타까마귀, 산까마귀, 바보까마귀, 고산까마귀, 대죽까마귀, 참깨까마귀, 밤까마귀, 요람까마귀, 말이까마귀, 유라시아까마귀 등 전부 끝이 까마귀로 끝난다. 떼까마귀, 송장까마귀, 유라시아까마귀 등은 다른 종과 혼동한 게 아닐까 의심되지만 확실하지는 않다(이런 사례는 이름을 알려준 사람이나 전해 들은 사람의 착각일 수도 있고, 기록하는 과정에서의 오류일 수도 있다). 다만 '참어치'라고도 부르기도 하는 걸 보면 잣까마귀를 어치의 친척으로 보는 관점도 있었던 모양이다. 그러나 참어치는 '진짜' 어치로 해석될 여지가 있으니 차라리 '잣어치'라고 부르면 어떨까.

노랑부리까마귀와 붉은부리까마귀는 어떻게 해야 할까. 둘은 유럽과 히말라야 산악 지대에 사는 까마귀과 조류로, 부리가 노란색 또는 붉은색이며 몸집이 작다는 특징을 제외하면 까마귀와 상당히 비슷하다. 외견뿐만 아니라 성격과 행동까지 까마귀와 닮았다. 붉은부리까마귀의 영어 이름을 따라 똑같이 '초프chough'라고 부르면 어떨. 아니면 노랑부리까마귀의 영어 이름인 '알파인 크로우alpine crow'를 변형해서 '깊은산검은새' 혹은 '바위검은새'라고 부를 수도 있겠다. 깊은 산은 일본어로 미야마深山라고 하며 새 이름에 종종 붙는 단어다. '산 위에 사는 새'라고 해석할 수도 있지만, '이국', '미지의 세계'를 가리킬 때도 '미야마'가 붙는다. 한편 '바위검은새'는 똑같이 고산성 새인 바위종다리와 혼동될 수 있다. 그렇다면 아예 '알프스검은새'나 '히말라야검은새'라고 부르면 어떨. 그러면 분포 지역이 알프스와 히말라야에 한정되는 느낌이라 고민된다. 고산성 조류라고 해서 '높은산검은새'라고 부르자니 너무 구구절절하고 깔끔하지도 않다. 알프alp가 일반적으로 높은 산이라는 의미니까 역시 '알프스검은새'로 하는 게 맞으려나……. 아니면, 그냥 하늘 높이 날아다닌다는 의미로 '하늘산새'라고 할까. 아니, 이러면 다른 의미로 들리려나. 고민만 더 깊어졌다.

애초에 해외에 서식하는 새에게까지 전부 자국어로 이름을 붙이는 나라는 드물다. 그러니 이렇게까지 일본어 이름을 고집할 필요는 없을지도 모른다. 새 이름이라면 영어도 많이 쓰이고 학명을 그대로 사용하는 사례도 종종 있지만, 일본에서는 종 하나 하나에 일본어로 이름을 붙였다. 이는 조류학자 구로다 나가미치가 『조류 원색 대도해』를 펴낼 당시 모든 조류에게 일본어 이름을 붙였기 때문이다. 덕분에 일본 사람들은 원어를 쓰지 않고도 새 이름을 이야기할 수 있게 되었다. 웃음물총새를 '래핑 쿠카부라laughing kookaburra'나 '다셀로 노바에기니*Dacelo novaeguineae*'라고 부르지 않아도 된다.

바다오리는 이름의 유래가 조금 복잡하다.

등이 까맣고 배가 하얀 바다오리를 일본에서는 바다까마귀라고 부른다. 대체 왜 이 녀석이 까마귀냐고 묻고 싶다. 뭐, 배나 육지에서 이들이 낮게 나는 모습을 보거나 바다에 떠 있는 모습을 보면, 등 부분의 검은색이 눈에 띄겠지만⋯⋯.

만약 까마귀가 사라진다면 '바다까마귀'라는 이름은 사용할 수가 없다. 바다오리와 큰부리바다오리는 어떻게 불러야 할까? 큰부리바다오리(일본명 큰부리바다까마귀)는 일부러 그렇게 붙인 것처럼 까마귀를 염두에 둔 이름이다. 아니, 바다오리는 울음소리에서 이름을 딴 '오로롱새'라는 별명이 있으니 그렇게 부르면 되겠지만 굳이 이 경우는 빼고서 생각했으면 한다. 왜냐하면 바다오리의 친척 중에 이름이 바뀐 역사가 있는 새가 존재하기 때문이다.

한때 북대서양에는 큰바다쇠오리(일본명 큰바다까마귀)가 살았다. 몸길이 80센티미터, 몸무게 6킬로그램에 달하는 거대한 바닷새였다. 날개가 작아 날지는 못하지만, 몸 뒤쪽으로 달린 다리로 똑바로 서서 걸어 다녔다. 영어로는 '그레이트 오크great auk'라고 하지만 켈트어로는 'Pen-Gwyn'으로 불렸다.

그렇다. '펭귄'이다. 펭귄은 원래 큰바다쇠오리를 가리키는 말이었다.

'펭귄'이라는 이름의 원래 주인 **큰바다쇠오리**

그런데 큰바다쇠오리는 1844년에 멸종했다.■ 이 시점에서 펭
귄은 존재하지 않는 새가 되고 말았다. 그러나 유럽 사람들은 남
반구에서 펭귄과 매우 닮은, 날개가 작고 직립보행을 하는 바닷
새를 발견했다. 이 새는 날지 못하고 바닷속을 나는 듯이 헤엄치
는 수중 생물이었다. 이리하여 이 새를 '남쪽 지방의 펭귄'으로
부르게 되었고, 큰바다쇠오리가 멸종한 뒤로 '남쪽 지방'이라는
말을 붙일 필요조차 없어지면서 그냥 '펭귄'이 되었다.

현대인이 아는 '펭귄'은 큰바다쇠오리를 대신해 이 이름으로

■ 무거운 이야기지만 외면해서는 안 된다. 사람들은 깃털을 얻기 위해 큰바다쇠오
리를 닥치는 대로 사냥했다. 지상에 포식자가 없거나 거의 살지 않는 지역에서
진화한 새에게 곧잘 있는 일인데, 지상에서 움직임이 둔하고 경계심도 없는 큰바
다쇠오리는 얼마든지 잡을 수 있는 사냥감이었다. 마지막으로 큰바다쇠오리가
살아남은 곳은 아이슬란드의 자그마한 무인도였다. 그런데 이 섬이 분화하면서
서식지가 파괴되고 말았다. 간신히 도망쳐 나온 큰바다쇠오리는 더더욱 작은
암초 섬을 번식지로 삼았다. 당시 살아남은 개체는 고작 50마리밖에 되지 않았
다고 한다.
수십 마리밖에 없어서야 산업적으로 이용할 수 없다. 그런데 희귀종이 되자마자
이번에는 연구 기관과 박물관에서 표본을 구하고 싶다는 의뢰가 쇄도했고, 잡
히면 비싼 값에 팔리는 바람에 끝내 1844년에 마지막 한 쌍이 사냥당하고 말았
다. 한 마리는 맞아 죽었고, 다른 한 마리는 목이 졸려 죽었으며, 둥지에 있던 알
마저 깨졌다고 한다. 현재 전 세계에 남아 있는 큰바다쇠오리 표본은 약 80점인
데, 그 대부분이 '멸종 직전임을 알면서도 마지막 일격에 가담해서' 수집한 표본
임을, 박물관 관계자라면 절대로 잊어서는 안 된다.

불리게 된 새다.

그렇다면…… 바다오리과 새들 역시 '펭귄'이 아닐까. 일본의 바다오리는 몸집이 작으니까 '작은펭귄'이라고 부르자. 아, 이런. 현존하는 큰부리바다오리는 프랑스어로 '프티 팽구앵petit pingouin', 즉 '작은 펭귄'이다. 그러면 큰부리바다오리는 프랑스어를 직역해서 작은펭귄으로 부르고, 일본에 서식하는 바다오리는 동방작은펭귄이나 가는부리작은펭귄으로 불러야 하나?

그러면 남반구에 서식하는 펭귄(복잡하지만 지금 우리가 펭귄이라고 부르는 그 새)은?

다행히 펭귄에게도 달리 부르는 이름이 있다. 프랑스어로 펭귄은 '망쇼manchot'다. 다만 어원을 따지면 '손발에 장애가 있다'라는 의미의 라틴어 'mancus'에서 유래한 말이므로 문제가 있다. 날지 못하고 뒤뚱뒤뚱 걷는 모습을 보고 이렇게 지은 듯하다. 물론 망쇼라는 프랑스어 단어에 차별적인 색채는 거의 없겠지만 새삼 가져다 쓰려니 조금 망설여진다.

그런데 애당초 일본어에도 펭귄을 의미하는 말이 있다. 인조人鳥라고 쓰고 '진초'라고 읽는다. 두 다리로 서서 걷는 모습이 인간을 닮았다고 해서 붙은 이름이다. 그러면 펭귄을 진초라고 부를 수 있지 않을까. 남극에 가면 아델리진초, 황제진초가 있는 셈이다. 1990년대 일본 광고에 등장했던 바위뛰기펭귄 캐릭터는 '바위뛰기진초' 캐릭터가 된다.

혹은 펭귄을 가리키는 중국어 '치어企鹅'에서 따올 수도 있다. '치'는 발끝으로 선 모습을, '어'는 거위를 뜻하는 한자다. 발끝으로 서서 걷는 커다란 바닷새라는 뜻이다. 중국어로 '화메이画眉'를 화미조畵眉鳥라고 부르는 것처럼 기아조企鹅鳥라고 하면 어떨까?

하지만…… 진초는 별로 귀엽지 않고 기아조는 더더욱 귀엽지 않다. 왠지 매일 굶주릴 것 같은 느낌이다. 펭귄을 매우 좋아하는 내 친구는 펭귄을 '펭닝'이라고 부르는데, 이렇게 귀여운 이름을 찾고자 한다면 조금 힘들지도 모른다.

한편 '바다○○'라는 이름의 새는 바다오리 말고도 많다. 일본에서 바다고양이라고 부르는 괭이갈매기도 있고 흰줄날개바다오리와 앵무바다쇠오리도 있다. 괭이갈매기는 바다에서 고양이처럼 운다고 해서 붙여진 직관적인 이름이다.

하지만 흰줄날개바다오리는 그렇지 않다. 일본에서는 바다비둘기라고 하는데, 머리가 작고 부리도 자그마해서 비둘기처럼 보일 순 있지만, 막상 보면 그렇게까지 비둘기와 닮았다는 생각은 들지 않는다. '까마귀보다 작으니 비둘기라고 부를까?'라는 생각에 붙은 이름인가 싶었는데 학명이 'Cepphus columba'였다. Cepphus는 바다오리과 중 흰눈썹바다오리속을 일컫는 말로, 아리스토텔레스가 바닷새를 가리킬 때 기술한 그리스어에서 유래했다. 그리고 *columba*는 비둘기를 뜻하는 라틴어다. 학명 자체가 바다비둘기다. 영어 명칭인 'pigeon guillemot'도 '비둘기처럼 생긴 바다오리'라는 뜻이다. 이래서야 혼동을 피하려면 '바다비둘기'라고 부를 수밖에 없겠다.

진지하게 말하자면 이런 바닷새들은 해안 절벽에 번식하는 경우가 많고, 쉴 때도 적을 피하려고 깎아지른 절벽 중간에 집단으로 모여 휴식한다. 이들이 일제히 날아오르면 확실히 비둘기 떼처럼 보이긴 한다.

앵무바다쇠오리는 둥근 머리와 두껍고 짧은 부리 때문에 이름에 '앵무'가 붙었을 텐데, 굳이 그래야 할까? 일단 앵무바다쇠오리는 북태평양에 분포하므로 앵무새와 아무런 상관이 없다. 멋쟁이새나 콩새 같은 핀치류로 대체해도 될 듯하다. 아니면 '바다방울새'라고 해도 좋지 않았을까?

아니, 영어로도 'parakeet auklet', 즉 '앵무새처럼 몸집이 작은 바다오리'니까 어쩔 수 없다. 앵무바다오리 등으로 영어를 직역해 부르면 되레 혼란스러워진다.

참고로 괭이갈매기의 영어 이름은 'black-tailed gull', 꼬리가 검은 갈매기라니 비정할 정도로 설명적인 느낌의 이름이다.

확실히 생물의 이름은 어느 정도 설명이 붙어야 외형과 연관

지어 기억하기가 쉽다. 개똥지빠귀의 친척인 흰배지빠귀와 붉은배지빠귀는 외형도 행동도 닮은꼴이지만, 배의 색깔에 따라 이름이 달라지므로 직관적이다. 반면에 오색딱따구리는 어떤가. 그렇게까지 색이 화려하지 않고 대부분 흰색과 검은색이다. 다만 자연에서 관찰한 오색딱따구리는 머리와 하복부 깃털이 붉은색이어서 눈에 잘 띄는 '인상적인 색의 딱따구리'기 때문에 이런 이름이 붙지 않았나 싶다.

큰까마귀는 약간 더 복잡하다. 큰까마귀의 일본어 명칭은 철새까마귀인데 까마귀 종류 중 큰까마귀만 철새인 것은 아니다. 일본에서 볼 수 있는 까마귀 중 떼까마귀와 갈까마귀도 철새다. 송장까마귀와 큰부리까마귀도 일부는 바다를 건너 이동한다. 일본 최남단인 오키나와에서는 송장까마귀가 겨울 철새인데, 당연히 더 북쪽에서 날아왔을 것이다. 최북단인 홋카이도에서도 봄이 되면 큰부리까마귀가 바다 위로 날아오르는 모습이 목격되는 만큼, 실제로 바다를 건너 이동하는 개체가 있다는 게 확인된 셈이다.

그런고로 "큰까마귀가 철새였군요! 까마귀 중에도 철 따라 이동하는 종이 있었다니!"라는 사람에게는 "음……. 맞는 말이긴 한데요" 하고서 5분 정도는 설명해야 한다.

게다가 큰까마귀는 매우 넓은 지역에 분포한다. 유라시아에서 북아프리카 일부, 그리고 북아메리카에 걸쳐 서식한다. 이렇게나 널리 분포하면서 철 따라 이동한다고 밝혀진 개체는 그리 많지 않다. 때마침 일본이 큰까마귀가 철새임을 확실하게 알 수 있는 지역이다보니 '철새까마귀'라는 이름이 붙은 모양이다. 전 세계적으로는 오히려 큰까마귀가 철새인 지역이 많지 않다.

혼란을 피하려면 철새까마귀 대신 단순히 '큰까마귀'라고 이름을 붙였어도 좋았을 것이다. 그랬다면 에드거 앨런 포의 시 「까마귀The Raven」를 번역할 때도 '갈까마귀로 번역될 때가 많지만 사실은 큰까마귀'라는 식의 분위기 깨는 주석을 넣지 않아도 될 텐데.

한편으로는 먼 거리를 날며 좀처럼 모습을 드러내지 않는 신비스러운 새에게 철새까마귀라는 이름을 붙인 센스가 언어적으로 매우 탁월하다고 생각한다. 배가본드vagabond, 즉 방랑자 같은 낭만이 느껴진다.

그 외에도 '까마귀○○'라는 이름이 붙은 동물도 꽤 많다.

대부분 몸이 검은색이라는 것을 나타내기 위해 붙은 이름이므로 까마귀 대신 '검은○○'로 바뀌어도 상관없다. 일본에서는 까만 줄무늬뱀과 유혈목이를 까마귀뱀, 투명상어를 까마귀상어라고 부르는데, 각각 '검은뱀', '검은상어'라고 불러도 딱히 문제

육식성으로 바뀌고 몸집이 커지면 대역으로 알맞은 **까마귀비둘기**

될 일은 없을 것이다.

마지막으로 흑비둘기에 대해서는 망상을 한번 해보려 한다. 일본에서 까마귀비둘기라고 부르는 흑비둘기는 몸통이 검은색일 뿐만 아니라 까마귀처럼 광택도 있다. 이번 장에서는 '까마귀가 사라지면 까마귀라는 이름도 존재할 수 없다'고 가정했는데, 만약 육식성으로 바뀐 비둘기가 몸집도 크고 새까만 데다 비둘기와 닮았으면서도 까마귀다운 새로 진화해 까마귀의 생태적 지위를 차지했다면 어떻게 될까? 그야말로 명실상부한 '까마귀비둘기'의 탄생 아닐까?

사람 이름에서 까마귀가 사라진다면

엔터테인먼트 부문에 넣어야 했을지도 모르는 내용인데, 사람 이름에서 까마귀가 사라진다면 어떻게 될까?

무라카미 하루키의 소설 『해변의 카프카』에서 주인공 '카프카'는 체코어로 '서양갈까마귀'를 뜻한다. 까마귀속만 사라진다고 가정했으니 까마귀속이 아닌 서양갈까마귀는 역사에서 사라지지 않는다. 다행이다.

일본에서 음악가 겸 배우로 활약하고 있는 시시도 카프카는 언제나 검은 옷을 입고 있어서 카피라이터 와타나베 준페이가 서양갈까마귀를 뜻하는 '카프카'라는 예명을 지어주었다고 한

어쩐지 더 멋있는 이름 '카프카'의 본명은 **서양갈까마귀**

다. 하지만 앞에서 언급했다시피 최근에는 까마귀속에서 분리되었으므로 문제없다. '까마귀'가 포함된 서양갈까마귀라는 이름이 바뀔 수는 있겠지만, '카프카'는 사라지지 않는다.

『변신』 등의 작품으로 유명한 체코의 소설가 프란츠 카프카와는 철자가 다르다. 서양갈까마귀는 'kavka', 작가 이름은 'Kafka'다. 프란츠 카프카가 실제로 까마귀를 좋아했다는 말이 사실인지 체코 사람에게 물어보고 싶은데, 그의 이름은 본명이므로 중의적으로 지은 필명은 아닐 것이다.

이름에 까마귀가 들어가는 캐릭터라면 마츠이 유세이의 만화 『암살교실』의 카라스마 타다오미도 빠질 수 없다. 왜 이름에 까마귀가 들어가는지 잘 모르겠지만 **츠루**타 히로카즈(학), 소노카와 **스즈**메(참새), **우**카이 켄이치(가마우지) 등 그의 부하들에게도 모두 새의 이름이 붙어 있다. 육상자위대 공수부대인 공정단 출신이라는 초일류 전투력을 생각하면 오히려 맹금류■가 더 어울릴 것 같지만, 평소에는 과거를 숨기고 잠입 임무를 수행하는 새까만 면모…… 아니, 까마귀 같은 면모 때문인가!

■ 이름에 맹금류가 들어가는 등장인물로 카라스마의 예전 동료인 타카오카 아키라(매)가 있다. 작중에서는 상당히 위협적이고 본성까지 상스러운 인물로 그려진다.

그리고 사람 이름이라고 해도 될지는 모르겠지만 의인화까지 포함하면 도검의 이름 '고가라스마루'에도 까마귀가 들어간다 (「도검난무」, 「천화백검」 등 일본의 도검을 모티프로 제작한 게임의 캐릭터로 등장한다─역주). 이것은 일본 황실이 소유한 명검으로, 까마귀가 간무 천황에게 건네주었다고 전해진다. 이 유래대로라면 고가라스마루는 나라 시대(710~794년) 말에서 아무리 늦어도 헤이안 시대(794~1185년) 초에 만들어졌다는 말이 된다.

그러나 오늘날 전해 내려오는 '고가라스마루'가 그 칼과 같은 물건인지는 확실치 않다. 현존하는 고가라스마루는 전설적인 도공 아마쿠니가 만들었는데, 칼날 길이가 60센티미터 정도로 그다지 큰 칼은 아니다. 그러나 형태만큼은 범상치 않다. 칼날의 절반이 양날이고 칼끝으로 갈수록 가늘어지며 뾰족한 형태를 이룬다. 도신 가운데에는 능선이 있고 이 안에 홈이 있다. 여기까지만 보면 단검dagger이나 장검longsword과 비슷하지만, 곡선으로 휘어진 형태가 특이하다. 곧게 뻗은 장검 형태의 직도에서 후대 일본도로 넘어가는 과도기에 만들어진 것으로 추정된다.

이 칼의 휘어진 형태는, 말 위에서 상대를 베기 적합한 게누키가타타치(毛抜形太刀, 헤이안 시대의 도검 양식─역주)와도 다르다. 게누키가타타치는 손잡이 근처에서 크게 휘었다가 거기부터 칼끝까지는 거의 일직선으로 뻗은 형태다. 시대가 흐르며 장검의 휘어진 부분이 점차 중앙으로 이동하면서 전체적으로 완만하게 휜 형태가 되었다. '고가라스마루'는 손잡이 쪽이 휘었지만 게누키가타타치 정도는 아니고 헤이안 시대 중기의 양식으로 보인다. 그러므로 (까마귀가 가져왔다는 설화는 사실이 아닐지라도) 간무 천황이 받았다는 '고가라스마루'가 실재했다면 현존하는 고가라스마루는 2대 혹은 더 나중에 만들어진 칼이라는 뜻이 된다.

좀 더 파고들면 실물 고가라스마루는 헤이안 시대에 헤이케 가문이 빌린 보물인데, 1185년에 벌어진 단노우라 전투로 헤이케가 멸망할 때 행방불명된다. 그러나 에도 시대 덴메이 5년(1785년)에 헤이케의 혈통을 이어받은 이세 가문이 "우리 가문이 보유한 이 칼이야말로 고가라스마루"라고 공언했고, 그대로 이세 가문이 소유하다가 메이지유신 이후 쓰시마국의 소 가문이 매입한 뒤 메이지 15년(1882년)에 메이지 천황에게 진상했다는 복잡기괴한 역사가 있다.

그렇다면 헤이안 시대 말기부터 에도 시대까지 600년에 가까운 공백기 동안의 행방이 의문이다. 솔직히 적당한 칼 하나를 구해다가 고가라스마루라고 조작하더라도 아무도 모르는 일 아닌가.

한편 에도 시대 초기의 도검 감정가 혼아미 고에쓰가 떴다는 고가라스마루의 탁본이 있다. 그러나 이 탁본에는 명문銘文(슴베에 새긴 글. 도공의 이름, 소유자의 이름, 제작 연도 등 다양한 기록이 담겨 있어 도검을 감정할 때 참고한다―역주)이 있는데 현존하는 고가라스 마루에는 없다.

이쯤 되면 고가라스마루가 몇 자루나 있는지, 애초에 최초의 고가라스마루는 어떤 형태였는지, 여러모로 혼란스러워질 수밖에 없다.

그리고 '까마귀烏' 글자가 포함된 이 칼의 이름 '고가라스마루小烏丸'는, 발음은 같지만 글자가 다른 '고가라스마루木枯丸'였을 가능성도 있다. 예로부터 칼에는 영력이 깃든다고 여겨졌고, 명검을 땅에 똑바로 꽂으면 주위의 정기를 빼앗아 하룻밤 사이에 나무가 말라버린다는 전설은 곳곳에 전해진다. 저주받은 검으로 유명한 요도 무라마사뿐 아니라 이름이 난 칼이라면 그만큼 위험한 면도 있다고 인식되고는 했다. 따라서 까마귀가 사라져 이름에 사용할 수 없다면 이 칼을 '나무를 말려 죽이는 칼木枯丸'로 해석하면 되지 않을까.

마지막으로 한 가지만 더 살펴보자.

일본에서는 사람 이름에 '까마귀 오烏' 외에 '갈까마귀 아鵄'를 쓰기도 한다. 잘 쓰이지는 않지만, 비율을 보면 아이치현과 히로시마현 주민의 이름에서 이 글자를 꽤 자주 볼 수 있다. 특히 에히메현 이마바리시, 히로시마현 오노미치시 등지에 많다. 많다고 해도 수십 명 정도지만 말이다. 오미시마섬에도 수 세대가 산다고 한다. 히로시마 부근에는 가라스다鴉田, 고가라스小烏, 아고시鴉超 등 까마귀를 가리키는 한자가 들어간 성을 쓰는 사람들이 산다. 정확한 유래는 전해지지 않았는데, 조상 중에 까마귀를 숭상하는 사람이라도 있었던 것일까? 고가라스라면 고가라스마루도 연상된다. 그러고 보니 이 일대는 헤이케 가문이 피신했던 경로와도 겹치는데…….

그리고 야마가타현 덴도시에는 가라스烏라는 성이 있다. 한나라 광무제의 후예를 자처하며 태양신앙을 믿었기에 까마귀 성씨를 쓰게 되었을지도 모른다.

결론 까마귀를 '까만새' 등으로 바꿔 부르거나, 옛 이름 혹은 이명을 뒤져보면 대체할 말이 있을지도 모른다. 이름은 '○○까마귀'지만 까마귀가 아닌 새도 있는데, 이것도 어떻게든 대체할 수 있다. 사람 이름에 '까마귀'가 들어가는 경우는 어쩔 수 없이 유래에 따라 적당히 다른 이름으로 바꾸는 수밖에 없다.

학문에서 까마귀가 사라진다면

생물학에 미치는 영향은……

생물학에는 모델 생물이라는 용어가 있다.

예쁜꼬마선충*Caenorhabditis elegans*을 예로 들어보자. 이 생물은 흙 속이라면 어디든 있고, 주변에 딱히 해를 끼치지 않는, 그저 그런 생물이지만, 유전학 분야에서는 상당히 중요한 위치를 차지한다. 일찍이 유전자 배열이 밝혀져서 유전 연구에 안성맞춤이었기 때문이다.

초파리도 마찬가지다. 눈의 색상과 날개 모양을 결정하는 유전자에 관한 연구가 다른 생물보다 빠르게 진행되었다. 초파리를 연구하는 과정에서 밝혀진 유전자 중에는 호메오박스homeobox

유전자도 있다. 호메오박스는 단순히 효소 단백질을 만드는 정도가 아니라 구체적인 신체 기관으로 분화하도록 명령을 내리는 유전자다. 이 유전자에 이상이 생기면 하나여야 할 기관이 두세 개씩 만들어지기도 한다. '왜 다른 곤충은 날개가 두 쌍씩 있는데 모기나 파리는 한 쌍밖에 없을까?'나 '지네는 왜 그렇게 몸에 마디가 많을까?'와 같은 의문도 호메오박스로 설명할 수 있는데, "날개를 만들라"는 명령의 횟수를 결정하거나 "다리의 마디를 n번 만들라"는 명령을 내림으로써 몸의 형태가 결정되기 때문이다.

이처럼 세세한 부분까지 연구가 되어 있고 기능과 유전자를 연결 짓기 쉬우면서도 실험에 적합(실험실에서 대를 이어 사육하거나 교배하기 쉬운)한 동물을 모델 생물이라고 한다. 유전학과 분자진화학 논문들을 살펴보면 실험 재료로 예쁜꼬마선충, 초파리, 마우스(실험용 쥐), 애기장대 등이 총출동한다.

그렇다면 까마귀는 이러한 모델 생물이 될 수 있을까?

유전학에 활용하기 좋은 생물은 아니다. 일단 연구실에서 대량으로 번식시키기에 적합하지 않다. 번식하고 성장하는 데 시간이 오래 걸린다는 점도 문제다. 게다가 조류는 조작한 유전자를 도입하여 해부하는 생체 실험에 이용하기도 어렵다. 마우스 정도의 크기라면 실험동물로 취급할 수 있겠지만 말이다. 인간은 크기가 너무 작거나, 인간과 닮지 않아 감정적 거리가 먼 생물에게는 감정 이입을 덜 한다는 점 또한 중요한 차별점이다. 개미 한 마리를 밟은 건 별로 신경 쓰지 않지만 개나 고양이를 치면 당황하는 게 일반적인 사람들의 심리다.■ 그리고 무엇보다 까마귀만큼 덩치가 큰 생물을 해부하고 보존하기에는 설비 측면에서도 번거롭다.

생태학적으로도 특출난 부분이 없다. 까마귀는 다양한 환경에 적응할 수 있으므로 자연조건의 변화에 따른 반응을 측정하기 어렵다. 박새였다면 환경 조건이 바뀔 때 먹이의 크기가 어떻게 변하는지 관찰하기 쉬울 것이다. 하지만 까마귀는 "여기서 프라이드치킨을 먹고, 저기서 빵을 먹고, 여기서 매미를 먹고, 저기서 버찌를 먹었다"와 같은 식이므로 먹이 조건이 좋아졌는지 나빠졌는지 알수가 없다. 행동권의 변화는 그나마 관찰할 수 있겠지만, 이 역시 '까마귀를 붙잡아서 표식을 남기기 어렵다'는 점이 걸림돌로 남는다. 표식이 없으면 어떤 개체가 추적 대상인지 알 수가 없다.

그렇다면 번식 생태를 조사할 수는 있지 않을까? 이 역시 논외다. '표식을 남기기 어려워 어떤 개체를 관찰 중인지 구분하기 어렵다'는 중요한 문제가 여전히 남아 있기 때문이다. "개체는 그만두고 대신 쌍 단위로 번식 능력을 살펴보면 되지!"라고 생각

■ 영장류를 대상으로 실험하려면 엄격한 윤리 규정을 지켜야 하는데, 오징어와 문어를 실험할 때도 규정이 도입된다는 소문이 있다.

해도, 까마귀 둥지는 높은 나무 위에 있는 경우가 많아 들여다보기 힘들고, 산란 시기, 알의 수, 알의 크기, 새끼의 체중 변화 같은 데이터를 모으기가 매우 어렵다. 박새 같은 새는 새집에 둥지를 틀어서 골치 아파질 일이 없다.

노래는 어떨까? 노래도 안 된다. 까마귀는 기르기에 번거로운 데다 울음소리도 복잡하지 않다. 노래를 연구할 때는 보통 금화조나 십자매를 이용한다. 한때는 거의 금화조 위주로 연구했지만, 사실 그들의 울음소리는 그다지 복잡하지 않다. 먼저 연구하기 시작한 건 금화조이지만, 일본의 대표적인 명금류 연구자인 오카노야 가즈오 교수가 십자매를 연구하면서 복잡한 울음소리 연구의 주 대상은 십자매가 되었다.

그렇다면 사람의 말을 흉내 내는 특성은 어떨까? 솔직히……이것도 끌리지 않는다. 단순히 소리를 흉내 내는 정도라면 십자매로도 충분하다. 십자매는 아비의 울음소리를 배워서 기억한다고 한다. 여기서 더 나아가 인간의 말에 담긴 의미를 학습할 정도로 높은 지능을 가진 연구 대상이 필요해지면 까마귀라도 버겁다. 단순히 말을 흉내 내는 수준이 아니라 의미를 이해해서 말하는 새는 회색앵무인 알렉스 정도밖에 없다. 단순히 흉내 내기를 잘하는 새 정도가 필요한 거라면 기르기도 쉽고 연구하기도 쉬운 새를 이용하는 편이 낫다.

그러므로 까마귀가 '재미있는 새'이기는 해도 집중적인 연구로 생물학 전반에 도움을 줄 대상은 아니다. 어렵기만 하고 생물학 전반에 보편적 도움을 줄 거라는 기대가 없다면 연구자들도 망설일 수밖에 없다. 연구 결과에 따라 생물에 대한 이해가 깊어지는 과제여야 업적을 쌓았을 때도 뿌듯하고 연구 자금을 지원받기도 수월하다. 어지간히 까마귀를 좋아하는 사람이 아닌 이상 그들에 대해 연구할 것 같지는 않다. 실제로 까마귀의 번식 생태에 관해 계속 연구하고 있는 사람은 코넬대학교 연구진 정도밖에 없다.■

■ 그러나 이들의 연구 대상인 미국까마귀가 집단 번식하는 생활사를 가지고 있다는 특징을 잊어서는 안 된다. 이런 경우엔 집단 내 혈연관계와 협력 관계를 연구하게 된다. 명확하게 일부일처 관계인 큰부리까마귀와 송장까마귀는 구미가 당기는 연구 대상이 아니다. 그러나 2000년대에 발표된 스페인의 송장까마귀가 번식과 관련하여 보인 행동은 예외인데, 둥지를 떠나 자립한 새끼가 부모의 세력권에 남아 다음 해에 부모의 번식을 돕는다는 사실이 밝혀졌기 때문이다. 심지어 스페인에서만 확인된 현상이라니 흥미롭다.★ 더욱 흥미로운 점은 다른 지역의 알을 가져와 둥지에 두면 그 둥지에서 태어난 새끼 역시 번식을 돕는다는 사실이다. 즉 스페인의 송장까마귀 개체군이 특수한 게 아니라 자란 환경에 따라 번식을 돕는 개체가 나온다는 뜻이다. 송장까마귀는 어쩌면 먹이 조건과 세력권 획득의 용이성에 따라 '부모 곁을 떠나 스스로 번식해야 할지 아니면 부모 곁에 남아 형제자매의 양육을 도와야 할지' 판단하는 게 아닐까. 애초에 이 역시 까마귀 특유의 행동 양식이 아니라 다른 새에게서 확인된 행동이 까마귀에게서 관찰된 사례다.

동물 지능 연구에 파문을 일으킨 뉴칼레도니아까마귀

그러나 까마귀가 주요 연구 대상이 되었던 적이 있다. 1990년부터 2010년대에 걸쳐 활발하게 연구된 뉴칼레도니아까마귀와 큰까마귀가 그 주인공이다.

1990년은 까마귀의, 아니 조류의, 어쩌면 동물 전반의 학습 및 지능을 연구하던 과학자들에게 충격적인 해가 아니었을까. 이 해에 생태학자 개빈 헌트가 뉴칼레도니아까마귀의 도구 사용에 관한 논문을 발표했기 때문이다.

물론 까마귀가 똑똑한 새라는 의견은 예전부터 있었다. 이솝 우화에도 우물에 돌을 넣어 수위를 높인 다음 물을 마신 까마귀 이야기도 있다. 이 밖에도 까마귀를 똑똑한 새로 묘사한 설화는

★ 스페인에서만 확인된 현상이라고 설명했지만, 일본의 오래된 논문에도 '송장까마귀는 동심원 형태의 세력권을 만들며 전년도에 태어난 새끼는 세력권 가장자리에 남는다'라는 기술이 있다. 번식을 돕는 개체라고 명확하게 밝히지는 않았지만, 아마 그러한 개체의 일종이거나 그렇게 행동할 잠재성이 있는 개체로 보인다. 그렇다면 송장까마귀의 번식 행동도 의외로 가소성(어떤 유전자형의 발현이 특정 환경 요인을 따라 특정 방향으로 변화하는 성질)이 높을지 모른다.

삿포로에서는 멋대로 세력권에 들어온 암컷이 나타났는데 세 마리가 같은 세력권에서 사이좋게 지내는 사례까지 관찰되었다. 그러나 이처럼 흥미로운 관찰 사례가 '까마귀라는 이유만으로 연구할 가치가 있다'로 이어질지는 의문이다.

셀 수 없이 많다. 하지만 모두 일화나 전설에 불과할 뿐 제대로 된 관찰을 바탕으로 까마귀의 지능을 실증한 연구는 거의 없었다. 지능 연구의 대상은 주로 유인원이었고, 실제로 침팬지는 도구를 사용하고, 도구를 직접 만들어내기도 한다.

동물에게 도구를 만드는 능력이 있다는 사실은 지능을 연구하던 과학자들에게 상당히 충격적이었던 모양이다. 인류는 만물의 영장인 인간만이 도구를 사용할 수 있고 짐승은 그럴 수 없다고 오랫동안 믿어왔기 때문이다.

영장류를 제외하면 이런 믿음을 가장 먼저 무너뜨린 동물이 갈라파고스섬의 딱따구리핀치다. 딱따구리핀치는 선인장의 가시를 꺾어 나무껍질 안쪽의 벌레를 끄집어내어 먹는 데 이용한다. 그리고 높은 곳에서 돌을 떨어뜨려 타조 알을 깨 먹는 이집트 독수리도 있다.

좋다. 도구를 사용하는 동물이 있다는 사실은 인정하자. 하지만 녀석들은 주변에 있는 물건을 능숙하게 사용할 뿐, 도구를 만들었다고는 할 수 없다. 목적을 이해한 뒤에 그 목적을 수행할 도구를 만들어야만 진정으로 도구를 사용했다고 할 수 있지 않을까? 이것이야말로 인간만이 유일하게 지닌 특징이다!

그러나 침팬지가 나뭇가지를 꺾어 끝을 물어뜯은 다음 흰개미 둥지에 찔러 넣어 흰개미를 잡는 행동이 발견되면서 이 전제도 무너지고 말았다. 녀석들은 분명 나뭇가지를 다듬어 쓰기 좋은 도구로 만들었다. 물어뜯으면 적당히 부드러워지고 면적도 넓어져서, 화난 흰개미가 나뭇가지를 타고 올라오기도 좋다. 흰개미가 어느 정도 몰리면 침팬지는 나뭇가지를 빼서 꼬치 먹듯이 한 번에 삼킨다.

이리하여 도구를 만드는 능력도 인간의 전매특허가 아니게 되었다.

그렇군. 하지만 침팬지는 인간의 근연종이다. 역시 도구를 만들 능력을 지닌 동물은 인간과 인간의 친척뿐인 것이다!

이쯤 되니 기독교 신자가 아닌 나로서는 오기가 생겼다. '인간이 특별하다'는 사상의 바탕에는 '하느님이 자신과 닮은 인간을 만들었다'라는 기독교식 인간관이 깔린 것처럼 느껴졌기 때문이다. 그렇지만 모든 동물이 인간과 똑같이 생각할 수 있다는 믿음 역시 지나치게 순진한 것이다. 솔직한 자연관이기는 하나 아무래도 인지 능력과 감각 세계는 동물마다 다르다. "우리와 다른 존재가 있을 리 없다"고 주장하는 사람은 인간 절대주의자다. 모든 존재가 인간과 같기는커녕 같은 인간끼리도 똑같은 시선으로 세상을 바라보리라는 보장이 없지 않은가.

이런 와중에 뉴칼레도니아까마귀가 도구를 만들어 사용한다는 관찰 사례가 발표되었다. 도구를 어떻게 만들어서 어떻게 사용했는지까지 완벽하게 기록되어 있어 의심할 여지가 없다. 녀석들은 잎을 찢어 잎자루를 남긴 후 그 끝을 부리로 구부리거나 나뭇가지의 끝부분을 구부려 도구를 만든다. 이렇게 만들어진 갈고리는 쓰러진 나무 구멍에 숨어 있는 하늘소 유충을 잡는 데 사용한다. 직접 끄집어내는 게 아니라 쿡쿡 쑤셔서 벌레를 화나게 한 다음 벌레가 잎을 물면 잡아당기는, 그야말로 낚시다.

녀석들은 판다누스 도구pandanus tools도 쓴다. 가장자리가 톱니처럼 생긴 판다누스과 식물의 잎을 찢어 가늘고 긴 톱처럼 만든 것인데 이것을 부리로 물어 먹이를 잡는다.

이를 통해 뉴칼레도니아까마귀에게 경이로운 인지 능력, 쉽게 말해 지능이 있다는 사실이 밝혀졌다. 심지어 이 지능을 가진 주체가 영장류는커녕 포유류조차 아니라니. 지능이란 좀 더 일반화해서 생각해야 한다는 교훈을 뉴칼레도니아까마귀가 보여준 셈이다.

이로써 연구는 '도구를 사용하려면 지능이 얼마나 높아야 하는가? 유인원과의 공통성은 있는가?'라는 방향으로 진행되었다. 침팬지를 대상으로 진행되던 인지 능력 실험이 차례차례 뉴칼레도니아까마귀에게 행해졌다.

'까마귀의 지능을 조사'하기 위해 실험한 것이 아니고, '지적 행동을 일반론적으로 연구하는 실험의 대상에 까마귀가 추가되

도구 사용의 달인 **뉴칼레도니아까마귀**

었다'고 봐야 한다. 유일하게 까마귀만 지닌 능력도 있겠지만, 이 부분에 초점을 맞춘 연구는 거의 없었으리라고 생각한다. 실제로 뉴칼레도니아까마귀에 관한 연구는 대부분 사육한 개체를 대상으로 실험실 안에서 진행된다. 이는 실험 조건을 통제한다는 의미에서 꼭 필요한 일이긴 하지만 '야외에서 지능이 어떻게 발휘되고 어떻게 승계되는지'에 대해서는 연구가 별로 진행되지 않았다. 뉴칼레도니아까마귀는 개체 수가 많지도 않을뿐더러 삼림성 조류이므로 관찰하기가 매우 어렵기 때문이다. 다큐멘터리 같은 데서 볼 수 있는 영상은 대부분 같은 자리에서 촬영하며 먹이로 유인한 장면이라고 한다.

이런 의미에서 보면 까마귀가 연구 대상이 되었다 해도 까마귀 자체를 연구하는 것이라고 하기는 어렵다.

그러나 뉴칼레도니아까마귀가 아니었다면 동물이 도구를 사용, 아니 만드는 일까지도 충분히 할 수 있음을 인식하지 못했을 수도 있다. 뉴칼레도니아까마귀가 발견된 이후 도구를 사용하는 동물의 사례가 여러 차례 보고되었다. 이를테면 쥐의 일종인 데구degu는 훈련을 통해 도구로 먹이를 끌어당길 수 있다. 벌거숭이두더지쥐는 굴을 팔 때 흙이 들어가지 않도록 주둥이에 나무껍질을 문다. 최근에는 동물이 도구를 사용하는 사례에 북극곰이 추가되었다. 이전부터 말로는 전해져왔는데, 얼음덩어리를 둔기 삼아 바다표범을 내리쳐 잡아먹는 북극곰의 모습이 확인되었다.

도구라고는 할 수 없지만, 지면을 이용하는 '기질 이용'의 사례라면 물고기도 포함된다. 놀래기의 친척 중에는 조개를 바위에 부딪쳐 깨는 종이 있다. 일본 오키나와의 흰눈썹뜸부기도 달팽이를 땅에 내리쳐서 깨 먹는다는 사실이 2022년에 발표되었다.

남아메리카의 느시사촌과 새도 이런 행동을 보인다. 작은 동물이나 알을 내리치는 행동이 관찰된 데에 이어 골프공을 주워 포장도로까지 가서 있는 힘껏 집어 던지는 모습이 촬영된 것이다. 해당 영상에서는 '공을 가지고 노는 새'로 소개되었지만, 공을 내던질 때 새의 시선은 땅바닥에서 떠나지 않았다. 그리고 땅바닥에서 튀어 오른 공이 다시 떨어지자 놀랐다는 듯이 펄쩍 뛴다. 단단한 장소를 찾아 내리친 공이 튀어 오를 것이라 예상하지 못하고 땅바닥에 가만히 있을 거라고 생각한 모양이다. 아마 먹이를 땅바닥에 패대기치는 행동을 바탕으로 하지 않았을까.

그래도 우리 주변에서 도구를 사용할 줄 아는 새라면 역시 까마귀를 꼽게 된다. '까마귀는 똑똑하니까 분명 쓸 수 있겠지'라고 사람들이 생각한 덕에 조류도 도구를 사용할 줄 안다는 인식이 수월하게 받아들여진 측면도 있다. 까마귀가 없었더라면 동물의 도구 사용에 관한 연구는 지금보다 지체되었을지 모른다.

큰까마귀를 대상으로 진행된 인지 연구도 많다. 이 역시 통제된 실험 조건에서 진행되었는데, 사회 학습 연구에서는 다른 개체의 행동을 보고 끈을 푸는 방법을 학습한 사례를 꼽을 수 있다. 끈은 의외로 풀기 어려워 인간 외의 동물이 성공한 사례는 별로 없다. 여기서 핵심은 단순히 움직임을 따라 한 게 아니라 자기 나름대로 응용해서 방법을 개선했다는 점이다. 그저 움직임을 흉내 낸 것뿐이라면 '무슨 의미인지도 모르면서 행동으로 옮긴 것'에 불과하지만, '처음엔 흉내로 시작했다가 요령을 깨닫고 더 좋은 방법을 찾아냈다'라고 한다면 행동의 의미를 이해했다고 볼 수 있기 때문이다.

애초에 이 부분은 해석의 문제이기도 하다. 큰까마귀가 자의

식을 가지고 있을지도 모른다는 논문이 있는데, 나는 몇 번을 읽어도 도무지 이해할 수 없었다. "'이렇게 하면 나중에 좋은 일이 생긴다'라고 판단하면 행동을 바꿀 수 있다. 그러므로 '지금의 나'와 '미래의 나'가 연속된 존재라는 개념을 이해하고 있다고 볼 수 있다"라는 결론인 것 같은데, 이쯤 되면 철학의 영역이 아닐까 싶다.

까마귀처럼 지능이 발달한 조류가 등장할까?

이 책에서는 그저 '까마귀가 사라진 세상'을 상상했을 뿐이다. '까마귀가 처음부터 존재하지 않아 다른 새가 까마귀와 비슷하게 진화한 세상'이라면 어떨까. 그 새도 까마귀처럼 인지 능력이 발달했을까?

굉장히 어려운 문제다. 동일한 생태적 지위에 적응하고 동일한 진화 과정을 거쳐 동일한 능력을 지닌 생물은 탄생할…… 수도 있고 안 할 수도 있다.

전혀 다른 종이 비슷한 환경에 적응하기 위해 진화하면서 외형과 생활사가 비슷해지는 현상인 수렴 진화를 생각하면 이해하기 쉽다. 이를테면 물속이라는 밀도 높은 유체에서 빠르게 이동하는 생물의 몸은 모두 매끈한 방추형이다. 방어, 가다랑어, 참치, 청상아리, 돌고래 등이 이에 해당하며 인간이 만든 잠수함도 마찬가지다. 같은 이유로 비행기와 새도 닮았다. 단순히 물리 법칙의 영향을 받는 부분은 형태나 행동을 자기 멋대로 할 수가 없다. 요정처럼 물리 법칙에 부탁해 살짝 바꿔달라고는 할 수 없기 때문이다.

지능이라면 어떨까?

정말 어려운 질문이다. 까마귀 말고도 다양한 형태로 지적 능력을 발휘하는 동물은 많으므로, 지능이라는 특수한 성질이 까마귀 계열에만 한정된다고는 볼 수 없다. 어쩌면 생활사에 지적 능력을 요구하는 상황이 있을 때 지능이 진화할 조건이 갖춰지는 게 아닐까. 그러나 이런 상황에 놓인다고 '반드시' 지능이 진화한다는 뜻은 아니다. 진화란 결국 돌연변이의 반복이며, 그 자체에는 목적도 방향성도 없다. 어쩌다보니 지능이 발달하는 방향으로 돌연변이가 일어나고 그 돌연변이가 생존에 유리하게 작용해야 하며, 중간에 우연히 멸종하지 않는 행운까지 겹쳤을 때 비로소 지능은 진화한다.

그렇다면 이때 무슨 일이 벌어질까?

물론 지능이 진화할 기회는 충분하다고 생각한다(미안하지만 막연히 '생각한다'일 뿐, 정량적인 수치 산출은 내 능력 밖의 일이다). 이유는 간단하다. 생물의 경이적인 다양성 때문이다. '어떻게 저런 형질이 진화를 했지' 싶은 사례는 일일이 열거할 수 없을 정도다.

히말라야에 분포하는 레움 노빌레*Rheum nobile*라는 식물로 예를 들어보자. 레움 노빌레는 해발고도 4,000미터에서 5,000미터의 고산성 툰드라기후에서 서식하는 식물이다. 이곳은 기온이 낮고 바람도 세게 부는 환경이라 대부분의 식물이 왜소해서 바위에 들러붙어 자란다. 그런데 레움 노빌레는 원뿔형 구조로 혼자 우뚝 솟아 높이 2미터 정도까지 자란다.

레움 노빌레의 '원뿔형 구조'는 꽃차례(꽃이 붙은 줄기) 주변을 감싼 반투명한 포엽(꽃이나 꽃눈을 감싼 잎)의 집합체다. 지름이 20센티미터 정도인 둥근 비늘 모양의 포엽이 연달아서 꽃차례 주변을 반투명한 덮개처럼 감싸고 있다.

이 포엽이 온실 같은 역할을 한다. 날씨가 좋은 날이면 포엽 내부 온도가 30도 가까이 올라가며 식물이 빠르게 자란다. 이뿐만 아니라 강력한 자외선을 차단하는 역할도 한다. 온도가 올라가면 곤충이 모여들어 수분이 잘된다는 추측도 있다. 한대기후에서는 열이 곧 보상이다.

이처럼 자연에서는 스스로 온실을 만들어 성장을 촉진하는 동시에 수분 문제도 해결하는 진화가 자유롭게 일어나고 있다. 이런 사례를 보면 지능 정도는 간단히 진화할 것 같기도 하다.

진화의 가능성을 고찰하는 주체가 다른 특성보다 지능을 중시하는 인간임을 고려해야 한다. 인간은 어쨌든 자신에게 유리한

쪽으로 생각하는 경향이 있다. '만약 공룡이 멸종하지 않았더라면 이족 보행에 손을 능숙하게 사용하고 대뇌가 발달한 공룡 인류dinosauroid가 진화했을 것'이라는 설이 있다. 가능성을 부정하지는 않지만, 이렇게까지 인간과 닮은 생물의 등장을 필연적으로 보는 데에서도 인간의 자기만족 성향을 엿볼 수 있다.

지능은 생물의 기능 중 하나다. 지능이 발달한 쪽이 살아남기 쉽다는 사실은 두말할 필요도 없다.

어느 정도의 '영리함'은 다양한 동물들에게서 찾아볼 수 있다. 나팔벌레라는 원생동물도 그렇다. 단세포생물인 나팔벌레는 나팔 형태의 몸을 표면에 부착한 채 살아가는데, 먹이를 잡아먹을 때는 나팔 끝부분에 달린 섬모를 움직여 물의 흐름을 만들어 먹이를 끌어들인다. 그러다가 이물질을 먹으면 섬모를 거꾸로 뒤집어 잡아먹은 것을 토해낸다. 이렇게 해도 상황이 나아지지 않으면 활동을 멈추고 몸을 움츠린다. 척추동물의 복잡한 행동 양식과 비교하면 별것 아니라고 생각하겠지만, 신경계도 없는 생물 수준에서는 충분히 합리적인 행동이다.

지능이 극도로 발달해야만 무언가를 할 수 있는 것은 아니다. 일례로 현재 인공지능AI이 탑재된 '똑똑한' 자동차가 개발되었다. 하지만 인공지능이 없다고 차량을 이용할 수 없느냐 하면 그렇지는 않다. 사람이 운전하면 된다. 현재 대화형 인공지능이 급

속도로 발전하고 있지만, 인공지능 없이도 인간은 문장을 구사해 왔고 컴퓨터도 충분히 사용할 수 있었다. '있으면 편리하다'와 '없으면 사용할 수 없다'는 의미가 다르다.

정리하자면 '까마귀처럼' 지능이 발달한 또 다른 새가 진화하고 번영할 가능성을 부정할 수는 없다. 지능이 발달하면 생물의 생존에 유리하리라는 예측은 사실이다. 생물의 다양성, 진화할 가능성, 그리고 조류가 진화하는 데 걸리는 기간(백악기 이후부터라 해도 6,500만 년)을 고려하면 이에 들어맞는 새가 진화할 가능성이 전혀 없지는 않다. 오히려 높은 축에 속한다. 하지만 그것은 결코 필연은 아니며 일반적인 새 정도의 지능으로도 살아가는 데는 문제가 없다. 모든 것은 '기회가 있으면 그렇게 되어도 이상하지 않겠다'라는 수준의 예측에 불과하다.

안타깝지만 까마귀가 진화하지 않은 세상에서 까마귀처럼 '영리한 짓을 하는' 새가 반드시 존재하리란 보장은 없다.

존재하더라도 앵무새 같은 새가 충분한 지적 능력을 발휘할 가능성이 크다. 가정이 어떻든 앵무새는 역사적 사실대로(혹은 그 이상으로) 진화했을 것이다. 까마귀가 없어도 앵무새의 지능은 이들만의 진화사를 따라 발달했을 테니까.

단순한 억측이지만, 까마귀가 없더라도 인지심리학 연구 또한 나름의 주제를 정해서 발전해나가지 않을까. 세세한 양상은 다를지도 모르지만 말이다.

오징어와 문어가 라이벌이라고?

이처럼 인지 연구에서 주목받은 까마귀지만, 아무래도 유행은 지난 듯하다. 뉴칼레도니아까마귀 실험을 이끌어온 케임브리지대학교의 니콜라 클레이턴 연구진은 최근 오징어와 문어로 연구 주제를 전환했다.

오징어와 문어, 즉 두족류는 매우 신기한 동물이다. 일단 이들과 몸 구조가 비슷한 동물이 거의 없다. 몸 가운데에 머리가 있고 머리에 촉수가 달려 있으며, 내장이 들어 있는 몸통은 머리 위에 있는 구조다. 머리 한가운데를 식도가 관통하기 때문에 뇌는 이를 피해서 고리 모양으로 자리 잡고 있다. 그리고 문어의 신경세포는 개와 비슷한 수치인 약 5억 개에 달한다. 하지만 절반 이상이 뇌가 아니라 다리에 있다는 점도 신기하다. 문어는 여덟 개의 다리 각각에 뇌의 신경들이 모여 있어 다리 하나하나가 독립적으로 움직인다. 게다가 각각의 다리가 다른 다리의 위치를 파악하고, 자신이 어떻게 움직일지를 자율적으로 결정한다는 연구 결과도 있다. 머리는 이 모든 움직임을 총괄하는 역할일까.

오징어와 문어는 지적 능력이 상당히 높은데, 미로 실험을 하면 문어는 미로를 제대로 탐색해 그 구조를 외워버린다(다만 실험

도중 미로 속에서 잠들어버리는 개체도 있다고 한다. 바위 틈새에 숨어 사는 문어에게는 미로가 쾌적한 환경일지 모른다). 오징어는 거울에 비친 모습을 인식할 수 있다는 연구도 있다. 게다가 문어는 다른 개체를 보며 사회 학습까지 한다. 인간이 병뚜껑을 돌려서 여는 모습을 보여주면 따라서 열 수 있다. 신경계 활동을 조사해보니 수면 중 뇌의 활동성이 변했는데, 인간의 렘수면과 비非렘수면 같은 양상을 보여 아무래도 꿈을 꾸지 않을까 하는 추론까지 있다.

다른 개체와의 관계성에서도 문어는 예상치 못한 모습을 보인다. 잠수부를 껴안는 행동도 여러 번 관찰되었으며, 바닷가에서 바싹 말라가던 문어를 바다로 돌려보내자 다음 날 감사 인사를 하러 왔다는 일화도 있다(물론 고맙다고 말하지는 않았지만, 같은 장소를 걷고 있는데 문어가 다가와 촉수로 발을 건드렸다고 한다). 그렇게 보였다는 것일 뿐 실제로도 그런 의미를 담은 행동인지는 알 수 없지만, 적어도 '굉장한 문어네'라는 생각이 들기는 한다.

두족류는 정말 신기한 생물이다. 놀라울 정도로 발달한 녀석들의 눈은 척추동물과 마찬가지로 정확히 초점을 맞춰서 주변을 인식한다. 게다가 망막의 구조는 척추동물보다 더 발달했다. 척추동물은 망막의 바깥쪽, 즉 빛이 들어오는 쪽에 신경 섬유가 배치되어 있고 시신경 다발이 망막을 관통하여 안구 밖으로 나온다. 이 신경이 지나는 부분에는 시각세포가 위치하지 못하므로 이곳으로는 빛이 들어와도 감지할 수 없다. 이 부분을 바로 맹점이라 한다. 그런데 두족류는 시신경이 망막 뒤쪽에 있어서 맹점이 생기지 않는다. 아무리 생각해도 두족류 쪽이 더 제대로 된 설계 같다. 미스터리에 가까울 만큼 신기한 구조와 능력을 자랑하는 두족류를 두고 '우주에서 기원한 생물'이라고 주장하는 연구자까지 있을 정도다.■

그러므로 만에 하나 영리한 새가 나타나지 않더라도 영리한 오징어와 문어가 있으니 안심이다. 다만 이렇게 되면 이솝 우화는 어느 정도 달라질 수밖에 없다. 오징어와 문어는 까마귀만큼 우리 주변에서 흔히 볼 수 있는 생물은 아니니까 말이다.

까마귀는 시민들이 연구하기 좋은 생물일까?

시민 과학의 관점으로 접근하면 어떨까.

■ 농담 삼아 한 말이 아니다. 운석이나 소행성에서 생명의 기원과 관련한 물질이 발견된 적도 있는 데다 지구의 생명체가 정말로 지구에서 처음부터 발생했는지 아니면 지구 바깥 어딘가에서 발생한 물질이 지구에 떨어져 생명의 기원이 되었는지 명확히 밝혀지지 않았기 때문이다. 가능성만 따지면 '둘 다'일 수도 있으니 이론적으로는 두족류의 조상이 우주에서 날아온, 완전히 다른 생물일 가능성도 있다. 하지만 그러기에는 지구상의 다른 생물과 공통점이 너무 많다. 진화 계통이 완전히 다른 생물이라면 유전자는 물론 몸을 구성하는 물질의 조성 및 기초 설계가 완전히 다르지 않겠냐는 반박도 가능하다.

시민 과학이란 소수의 전문 연구자가 아니라 해당 주제에 흥미를 가진 일반인들 사이에서 지속적으로 이루어지는 연구 활동을 일컫는 말이다. 자연 동호회나 탐조bird watching 모임에서 계속해서 기록을 남기는 활동도 훌륭한 시민 과학이다. 학생들이 여름 방학 동안 하는 자연관찰도 당연히 시민 과학의 일종이다.

시민 과학은 과학의 저변을 넓히는 동시에 전 세계에서 일어나는 현상을 과학적으로 이해하는 데 이바지한다. 물론 과학적 이해만이 현상을 인식하는 수단은 아니지만, 과학을 활용해야 할 때 과학적으로 접근하지 않으면 문제가 된다.

시민 과학에는 빅데이터적인 측면도 있다. 과학자들이 아무리 노력하더라도 혼자서 할 수 있는 범위에는 한계가 있기 때문이다.

민물고기인 황어의 혼인색을 연구할 때 낚시꾼이 운영하는 블로그를 참고한 실제 사례도 있다. 직접 혼인색을 확인하려면 황어가 번식기일 때 전국을 돌아다니며 강에서 표본을 최대한 많이 수집해야 하는데, 이보다는 강에서 낚시하는 사람이 인터넷에 올린 사진을 검색해서 혼인색을 띤 황어를 찾는 편이 수월하다.

어떤 사람이 트위터에 진드기 사진을 올렸는데, 이를 본 전문가가 연락해서 찍은 장소를 알아낸 다음 직접 확인해보니 새로운 종이었다는 일화도 있다. 이 진드기의 학명은 *Ameronothrus twitter*

다. 이 이야기가 화제에 오르자 "요즘 유명한 진드기가 이거 맞나요?"라는 트윗이 올라왔다. 그런데 *Ameronothrus twitter*를 발견했던 전문가가 사진을 보니 아무래도 다른 종, 게다가 새로운 종인 듯했다. 그래서 조사해보니 그 진드기 역시 정말로 새로운 종이었고, 이것에는 *Ameronothrus retweet*이라는 학명이 붙었다. '트위터'와 '리트윗'이다.▪

이처럼 일반인에게서 얻은 정보 덕에 연구와 발견이 진전되기도 한다. 하지만…… 정보의 대부분은 잘못 봤거나, 착각이거나, 아니면 빈도는 낮지만 이미 발견된 행동이기 일쑤다.

까마귀가 전깃줄에 앉아 다리 주변의 깃털을 부풀린 채 좌우로 뛰며 깍깍 우는 모습을 본 적 있는가? 이는 수컷 까마귀가 추는 구애의 춤이다. 번식기 초기에 아주 잠깐 보이는 행동이므로 좀처럼 관찰하기 어렵다. 그렇다고 '아무도 모르는 새로운 발견'은 아니다. 빈도가 낮을 뿐 매년 보이기 때문이다.

그렇긴 해도, "표주박에서 망아지가 나온다"라는 속담이 있다. 뜻하지 않은 곳에서 의외의 것이 나온다는 뜻이다. 예전에 지

▪ 책을 쓰는 사이에 트위터가 매각되어 이름이 엑스(X)로 바뀌어버렸다. 하지만 한번 정해진 학명은 바꿀 수 없다. 생각지도 못한 곳에 트위터라는 이름이 남은 셈이다.

인으로부터 도쿄 부근의 아라카와에서 물총새를 발견했다는 말을 들은 적이 있다. 그런데 정말 예쁜 울음소리로 울었다기에 '엥?' 하고 의문이 들었다. 물총새는 망가진 자전거의 브레이크처럼 끼익 끼익 울기 때문이다. 일단 이 시점에서 대충 짐작은 갔는데, 찍은 사진을 받아 보니 수컷 바다직박구리였다. 등이 파랗고 배는 빨갰지만, 확실히 물총새는 아니었다. 하지만 바다직박구리가 아라카와까지 영역을 넓혔을 줄은 몰랐다. 그러니까 물총새의 목격 기록은 아니었지만, 바다직박구리의 영역 기록으로는 가치가 있었던 셈이다.

최근에는 까마귀를 시민 과학적으로 연구하려는 움직임이 거의 없다. 하지만 까마귀처럼 몸집이 크고 관찰하기 쉬우며 다른 새로 착각할 우려도 거의 없을 뿐만 아니라 행동이 굉장히 다채롭고 인간과의 관계가 깊은 동물은 시민 과학에 적합하다는 생각이 든다. 번식기에 때때로 공격성을 띤다는 점을 고려하면 초등학교의 자연관찰 대상으로 권하기는 어렵지만, 이 부분만 주의하면 매우 적합한 대상이다. 까마귀야말로 인간과 직결된 야생 그 자체다.

지구 반대편에서 자연이 파괴되는 사태를 보고 분노에 사로잡히기는 쉽지만, 그것이 나와는 상관없는 일이라고 생각할 수도 있다. 하지만 까마귀라면 더욱 현실적으로 직면하게 되는 '우리의 문제'임이 분명하다.

까마귀의 세력권이나 먹이에 몰려드는 개체 수를 도시 각지에서 관찰해 데이터를 모으면 어떨까? 코로나 사태로 음식점들이 영업을 자제했을 때 번화가에 몰리는 까마귀가 줄었는지, 대신 주변 주택가 까마귀는 늘었는지, 쓰레기 정책이 개선되면서 까마귀의 행동권과 번식 성공률은 어떻게 바뀌었는지 등의 변화를 한눈에 볼 수 있을 것이다.

까마귀가 사라지면 그만큼 과학에 대한 사람들의 관심도 줄어들지 모른다. 다만 지금도 까마귀를 시민 과학에 활용하지 않을뿐더러, 까마귀를 대신할 제비나 참새, 혹은 다른 새가 있으니 상관없을지도 모르겠다.

결론

까마귀 같은 새가 사라지면 동물이 도구를 사용하는 사례가 많다는 인식이 자리 잡기까지 지금보다 더 오래 걸렸을지도 모른다. 그러나 까마귀 외에도 '지적'인 행동을 보이는 동물이 많으므로 큰 문제는 되지 않을 것이다. 개인적으로 까마귀는 시민 과학에 활용하기 매우 좋은 소재라고 생각하지만, 꼭 까마귀여야 하는 것은 아니다. 학술적으로도 흥미로운 새라는 것은 확실하지만 안타깝게도 '까마귀가 아니면 아무것도 못 할' 만큼 중요한 생물은 아니다.

제4장

까마귀의 대역
오디션

최종 후보를 발표하기에 앞서

다시금 고찰해본 둥지 위치

대역 후보를 생각해봤을 때, 찌르레기, 바다직박구리, 비둘기, 앵무새가 공통으로 둥지를 틀 장소를 찾기란 어렵다는 점을 다시 한번 짚고 넘어가야겠다.

일단 몸집이 크고 나무 구멍에 둥지를 트는 새는 둥지의 위치가 한정적이다. 이 점을 좀 더 깊이 생각해보자.

나무 구멍에 둥지를 트는 조류 중 가장 친숙한 새는 박새, 참새, 찌르레기 아닐까. 참새는 종종 우거진 관목에 둥지를 틀기도 하는데 모두 입구가 좁고 주변이 둘러싸인 곳이다.

박새와 참새라면 지름 3센티미터 정도의 구멍으로도 들어갈 수 있다. 새의 몸은 대부분 깃털로 덮여 있어 실제 몸통은 매우 가늘다. 그래서 고양이처럼 좁은 틈새로도 빠져나갈 수 있다. 찌르레기는 5~6센티미터 정도만으로도 충분하다.

참새는 전봇대에 설치한 가로대(완목)에도 둥지를 튼다. 『전봇대 조류학』(미카미 오사무 지음, 이와나미쇼텐)에 자세한 설명이 실려 있는데, 요즘에는 전봇대에 전깃줄 외에도 전화선, 인터넷선 등이 함께 연결된 경우가 많고 이에 필요한 보조 장비나 중계기도 많기 때문에 가로대도 그만큼 늘어나는 추세다. 가로대는 보통 철제 각파이프를 사용하는데, 참새는 이 파이프 안에 둥지를 튼다.

파이프뿐만 아니라 통신용 중계기 내부나 변압기 아래 틈새에 둥지를 틀기도 한다. 박새 역시 펜스를 지지하는 쇠파이프나 우편함 안에서 둥지가 발견되기도 한다. 엎어둔 화분을 들춰보니 둥지가 있었다는 사례도 있다. 녀석들은 수직으로 뚫린 구멍도 이용하는데, 그루터기 가운데에 수직으로 뚫린 구멍 안에 들어가 알을 품은 새도 있었다(이런 경우에 비라도 내리면 어미 새가 막아야 할테니 이만저만 힘든 게 아니겠지만 말이다).

이처럼 나무 구멍에 사는 새들에게는 공통의 고민이 있다. 둥지를 틀기에 좋은 나무 구멍은 절대 많지가 않은데, 그걸 온갖 동물들이 쓰고 싶어 한다는 점이다.

새집을 설치하고서 번식기가 끝난 후 어떻게 되었는지 관찰한 그림을 본 적 있다. 새집을 이용하는 동물은 새뿐만이 아니다. 지네나 농발거미가 들어가 있을 때도 있고, 뱀이나 박쥐가 자고 있기도 한다. 당연히 새들끼리도 새집을 차지하려고 치열하게 싸운다.

몸집이 작은 새들은 작은 구멍에도 들어갈 수 있으니 유리하다고 생각할지 모르지만, 조금이라도 구멍이 크면 더 큰 새가 들어온다. 가령 박새용 새집의 입구는 28밀리미터 정도가 적절하다. 그런데 32밀리미터가 되면 참새가, 55밀리미터가 되면 찌르레기가 들어와 자리를 차지해버린다. 참새는 작은 입구를 보면 부리로 마구 쪼고 씹어서 구멍을 넓혀서라도 들어온다.

이런 연유로 새들은 항상 적절한 둥지 구멍을 찾기 위해 애쓴다. 도시화한 환경에서는 문제가 더 크게 다가온다. 나무 구멍에 사는 새 중 일본에 서식하는 찌르레기보다 큰 새라면 솔부엉이와 부엉이가 있는데, 쥐가 주식인 부엉이는 차치하더라도 솔부엉이는 주로 대형 곤충을 잡아먹는다. 나방이나 매미를 먹는다면 무성한 삼림까지는 필요 없는데도 도시에는 솔부엉이가 그리 많지 않다. 이들의 서식지는 아무래도 먹이 외에도 둥지를 틀 장소에 따라 좌우되는 듯하다.▪

그렇다면 만약 나무 구멍에 사는 몸길이 40~50센티미터의 새가 까마귀 대신 진화한다면 분포는 어떻게 달라질까? 시대의 변천을 따라가며 생각해보자. 일단 일본에서는 어떨까?

먼저 선사 시대다. 이때는 어떻게 보면 나무 구멍이 가장 풍부했던 시대다. 전 세계가 산림으로 뒤덮여 있고 나무들은 벌채되는 일 없이 거대하게 자라며 자연히 말라가거나 벼락을 맞아 구멍이 생겼다.

인간이 농경을 시작할 무렵에도 큰 변화는 없다. '나무 구멍에 둥지를 트는 까마귀'……라고 쓰기는 번거로우니 '까마귀찌르레기'라고 부르자. 이 까마귀찌르레기는 마을 주변 삼림에 둥지를 틀며 인가 근처까지 나와 먹이를 사냥했을 것이다. 하지만 점점 인구가 늘면서 사회 제도가 정립된 17세기 에도 시대쯤에는 나무로 땔감과 숯을 만들면서 마을 근처의 삼림이 대부분 민둥산으로 변했을 것이다. 이 시기의 까마귀찌르레기는 깊은 산속

■ 이 밖에도 부엉이류와 까마귀는 매우 사이가 나쁘며 까마귀가 많으면 번식하기 어렵다는 점도 꼽을 수 있다. 2022년, 2023년에 연이어 고쿄(황거)와 아카사카 어용지(둘 다 일본 천황이 거주하는 도쿄 소재의 궁궐이다)에서 참매와 부엉이가 번식한 사례가 보고되었는데, 이는 도쿄의 까마귀 개체 수가 감소한 현상과 관련이 있을 것으로 추정된다. 그러나 왜 도쿄 전역이 아니라 고쿄와 아카사카 어용지에서만 나타나느냐는 의문도 제기된다. 이에 대해선 양쪽 모두 사람의 발길이 적은 너른 녹지이고·먹이와 나무가 특출나게 풍부하다는 점을 이유로 들 수 있다.

으로 들어가야만 둥지 틀 나무를 겨우 찾을 수 있었을 것이다. 하지만 헛간 지붕 밑에 살 수도 있었다. 실제로 시골에 가서 지붕 밑에 부엉이가 둥지를 틀었다는 이야기도 들은 적 있다. 적어도 부엉이 정도는 우리 주변의 친근한 새로 자리 잡을 수 있을 듯하다. 먹이 조건을 고려하면 가능성은 더 커진다. 인간이 새를 싫어해서 쫓아내면 살 곳은 없어지겠지만 말이다.

그런데 에도시(현 도쿄) 복판이라면 이야기가 조금 달라진다. 에도 면적의 절반 이상이 무사 가문의 저택과 절인데 둘 다 녹지가 있는 장소다. 특히 다이묘(영주)가 살던 저택의 녹지는 정원인지 공원인지 분간이 안 갈 만큼 넓어서 사슴이나 학도 키웠다고 한다(이것은 후대의 부자들도 마찬가지여서 메이지, 다이쇼 시대 부호의 저택에서도 동물을 키웠던 모양이다). 겐로쿠 시대(1688~1704년)의 고문서 중에는 "저택 정원에 솔개가 둥지를 틀었는데 철거해도 되겠습니까"라는 내용으로 조정에 보낸 공문이 있다고 한다.

이만큼 정원이 넓으면 까마귀찌르레기 한두 쌍 정도는 번식할 만하지 않을까?

절의 당우(불전, 강당, 승당, 주고, 욕실, 동사, 산문 등 사찰을 구성하는 크고 작은 건물의 총칭—역주)도 짚고 넘어가야 한다. 절에는 구조가 복잡하고 거대한 건축물들이 있는데, 이 건축물 틈새에 둥지를 틀 수 있다면 살아남기가 더 유리하다. 집비둘기를 일본에서 사당비둘기라고 부르는 것은 사찰처럼 거대한 건축물에 산다는 이유 때문이기도 하다.

19세기 중반에서 20세기 말, 고도 경제 성장기와 거품경제 시기에 일본의 삼림은 점차 사라졌다. 있다 하더라도 새로 심은 나무가 많았다. 그러나 부엉이는 의외로 이런 교외에 많이 산다. 예를 들면, 지바현 아비코시 야마시나 조류연구소 부근이나 나라현 나라시에도 부엉이가 서식한다. 둘 다 숲이 있는 지역이지만, 꼭 사람의 발길이 닿지 않은 깊은 산이 아니어도 된다.

게다가 당시는 대형 건축물이 쉼 없이 올라가던 시기이기도 하다. 만약 까마귀찌르레기가 건물에도 둥지를 틀고 인간이 버린 쓰레기를 먹이 자원으로 이용한다면 빌딩이나 고가도로 밑, 역사驛舍 구조물에 번식하는 도시형 청소동물로서 새롭게 번성했을 가능성도 부정할 수 없다.

이는 바다직박구리, 앵무새도 마찬가지다.

이 과정에서 주목할 부분은 인간이 만들어낸 환경에 얼마나 빠르게 적응하고, 인간의 존재에 영향을 받지 않고 번식할 수 있느냐이다. 이것만큼은 사례마다 다르므로 섣불리 예측할 수가 없다. 참새는 아마도 2천 년에 걸쳐 일본인의 생활 가까이에 있었을 것이다. 한편 바다직박구리는 오늘날 완전히 내륙에 있는 도시까지 진출했지만, 1990년대까지는 도시에서 번식하지 않았다.

그리고 잊어서는 안 된다. 이 책에서는 '만약 세상에서 까마귀가 사라진다면' 어떻게 될지를 가정했는데 까마귀는 남아메리카와 뉴질랜드와 남극을 제외한 전 세계에 서식하는 새다. 세계적인 규모로 생각해볼 때 건조지와 한랭지처럼 나무가 적은 지역이라면 어떻게 될까?

나무 구멍에 둥지를 트는 대표적인 새인 부엉이를 예로 들어보자. 일단 건조지에 서식하는 북아메리카의 가시올빼미는 프레리도그가 살던 구멍에 들어가 살거나, 직접 구멍을 파고 그 안에 들어가 산다. 따라서 까마귀의 대역도 지상에 구멍을 파고 살지 모른다. 다만 이렇게 되면 도시에 살기는 어려워진다. 도시에는 땅이 드러난 부분이 극히 드물기 때문이다. 그렇다면 교외로 나가지 않는 한 이 '가시까마귀'는 볼 수가 없게 된다.

한랭지는 어떨까. 타이가 지대까지는 수리부엉이처럼 나무를 이용해서 번식하는 대형 부엉이류가 보인다. 따라서 서식할 수는 있다. 하지만 그보다 더 북쪽인 툰드라 지대까지 가면 나무가 자라지 않는다. 흰올빼미는 이런 지역에서도 번식하지만, 녀석들은 땅바닥에 알을 낳는다. '아무리 언덕진 곳이 많다지만 다른 동물이 알을 잡아먹지 않을까?' 하는 의문이 드는데, 흰올빼미는 필사적으로 알을 지킨다. 전해 들은 바로는 무심코 다가가면 상대가 인간이라도 망설임 없이 날카로운 발톱을 세워 덮친다고 한다.

이런 점에서 보면 나무 구멍 둥지에 사는 새라도 이 정도는 적응할 수 있다. 부엉이의 번식 생태를 따른다면 나무 구멍 둥지에 사는 까마귀찌르레기도 실제 까마귀처럼 건조 지대부터 북극권까지 널리 분포할 가능성이 있다. 그러나 흰올빼미 정도의 공격력은 없을 테니 툰드라 지대는 아무래도 좀 버거울 듯하다.

까마귀의 대역이 활보하는 세상으로

자. 지금까지 갖가지 방법으로, 때로는 노골적으로 억지를 써가면서 '까마귀가 사라진 세상은 어떤 모습일지' 그리고 '까마귀의 대역이 진화한다면 어떤 새일지' 생각해보았다. 이제는 드디어 지금까지의 내용을 바탕으로 까마귀가 없고 그 대역이 존재하는 세상은 어떤 모습일지 생각해볼 차례다.

청소동물에서 대역이 나온다면

후보 1 : 콘도르, 독수리, 솔개, 카라카라

청소동물이라는 까마귀의 특징을 대신할 대역을 꼽는다면 사체 청소 전문인 콘도르와 독수리, 그리고 솔개와 남아메리카에 사는 카라카라가 있다. 솔개와 카라카라는 사체 전문은 아니지만 (대만의 솔개는 살아 있는 새를 잡아먹는다고도 하니 서식지에 따라 식성이 꽤 다른 모양이다), 까마귀와 먹이를 다툴 만큼은 가깝다.

다만 이들이 유라시아를 장악하는 것이 빠를지 아니면 이미 아프리카에서 아시아에 걸쳐 서식하는 독수리가 빠를지는 생각해볼 일이다. 참고로 콘도르는 콘도르과고 독수리는 수리과다. 현재는 콘도르도 분류상 수리목이므로 대분류상 가까운 그룹인데, 비슷한 외형을 가졌으나 근연종은 아니다. 콘도르를 황새의 근연종으로 본 연구 결과도 있었지만, 이후 사실이 아님이 밝혀졌다. 진화 속도가 지나치게 느린 탓에 유전자 분석 결과 근연종으로 해석되었던 게 원인으로 보인다.

이들이 까마귀의 대역이 된다면, 이른 아침 독수리와 콘도르가 도쿄의 하늘을 날아다니고 시부야 도심은 쓰레기봉투를 뒤지는 독수리로 가득 차게 되는, 그야말로 디스커버리 채널에서나 볼 법한 광경이 펼쳐지게 된다. 그렇다고 안데스콘도르나 독수리처럼 날개를 편 길이가 3미터에 달하는 큰 종류만 있는 게 아니다. 터키콘도르와 이집트독수리처럼 몸집이 솔개와 비슷한 종도 있다. 1970년대까지 도심에서도 솔개가 쓰레기를 뒤지고 다녔다는 사실을 생각하면 콘도르가 도쿄 상공을 날아다닌다 해도 (물리적으로는) 그다지 이상하지 않다.

그러나 일반적으로 인간은 큰 새일수록 가까이 오는 것을 꺼리는 경향이 있다. 과연 이 새들이 인간이 있든 말든 쓰레기를 뒤지고 다닐까?

불가능하지는 않다. 솔개는 원래 소극적이지만 먹이로 길들일 수 있다. 최근에는 해안가에서 사람이 들고 있는 음식을 채간 사례도 많다. 먹이로 길들이는 일이 증가한 시점이 1980년대 중반부터니까 수십 년 동안 솔개의 성격이 바뀐 셈이다. 그리고 개체 수가 많고 민첩한 경쟁 상대인 까마귀가 사라진다면 까마귀만큼은 아니겠지만 솔개 같은 새가 도시까지 들어와 먹이를 찾아다닐 수도 있다는 게 마냥 터무니없는 가정은 아니다.

실제로 남아메리카에서는 까마귀처럼 검은대머리수리와 터키콘도르가 도심 외곽의 쓰레기장에 모인다고 한다. 아프리카의 두건독수리도 마찬가지다. 도심까지 들어오지는 않더라도 인간의 영역 가까이까지는 온다. 까마귀보다는 경계심이 높겠지만 말이다.

까마귀의 생태적 지위를 메우기 위해 몸집을 작게 만들면 거의 까마귀와 비슷해진다. 아프리카에서 가장 큰 새는 주름얼굴독수리와 루펠독수리(몸길이 약 1미터), 그다음은 흰등독수리(몸길이 1미터 미만), 흰머리독수리(몸길이 약 80센티미터) 순이며, 가장 작은 새는 두건독수리(몸길이 약 70센티미터)와 이집트독수리(몸길이 약 65센티미터)다. 몸집이 크고 강한 종부터 먹이를 차지하며, 굵은부리까마귀와 흰무늬까마귀가 그 뒤를 따른다. 그러므로 까마귀가 사라지면 이보다 몸집이 작은 독수리가 진화할 수도 있다. 몸집이 작은 독수리, '까마귀독수리(가칭)'가 까마귀의 대역이 될지도 모른다.

남아메리카에서는 무슨 일이 생길까? 콘도르과 조류의 크기를 보면 안데스콘도르와 캘리포니아콘도르는 몸길이가 1미터를 넘는 대형 조류다. 터키콘도르, 큰노랑머리독수리, 왕대머리수리는 몸길이가 70~80센티미터, 몸집이 작은 검은대머리수리와 작은노랑머리독수리의 몸길이는 60센티미터 정도니까 큰부리까마귀보다는 한 단계 큰 정도다. 아프리카 및 유라시아의 독수리와 비교하면 종의 개수는 다소 적지만 크기 면에서는 까마귀와 더 비슷하다.

참고로 카리브해의 일부 지역에서는 터키콘도르를 '존 크로 john crow' 혹은 '캐리온 크로carrion crow'라고 부른다. 캐리온 크로는 원래 송장까마귀를 일컫는 말이다. 유럽인들이 자기에게 친근한 새의 이름을 붙인 결과겠지만, '크로'라고 불리는 만큼 까마귀의 대역으로 적합하지 않을까.

이보다 몸집이 더 작아야 한다면 콘도르가 작아지는 것도 고려할 만하다. 하지만 콘도르 대신 카라카라를 대역으로 내세울 수도 있다.

카라카라 역시 남아메리카에만 서식하는 조류로, 간단히 말하면 매의 친척이다. 하지만 녀석들은 하늘을 날며 공중에서 새를 잡아먹는 대신 긴 다리로 땅 위를 걸어 다니는 쪽으로 발달했다. 먹이도 지상의 작은 동물과 곤충, 그리고 사체다. 크기는 오듀본카라카라의 경우 몸길이가 50~60센티미터다. 참매나 매 정도인데, 대형 까마귀 크기와도 꼭 들어맞는다.

남아메리카에 까마귀가 살지 않는 이유로, 까마귀가 남아메리카에 들어오기 전에 콘도르와 카라카라가 먼저 진화해서 청소동물이라는 생태적 지위를 차지했기 때문이라는 추측은 앞에서 설명했다. 반대로 매류는 전 세계에 분포하는데도[■] 카라카라가 남아메리카에서만 진화한 이유는 까마귀라는 강력한 경쟁 상대가 북아메리카와 구대륙을 이미 장악했기 때문이 아닐까 추측해 본다.

까마귀독수리 vs 까마귀콘도르

궁금한 지역은 오스트레일리아다. 오스트레일리아에는 콘도르도 독수리도 살지 않는다. 사체 포식자 역할은 까마귀류, 그리고 검독수리의 근연종으로 생각되는 쐐기꼬리수리가 맡고 있다.

───────────────────────

■ 특히 매*Falco peregrinus*는 단일종이지만 유라시아, 아프리카, 아메리카 대륙에 걸칠 정도로 굉장히 넓은 지역에 분포한다. 마찬가지로 넓은 지역에 분포하는 종으로는 물수리와 황로가 있다. 포유류 중에는 여우의 자연 분포가 넓다. 늑대도 넓은 지역에 분포했지만, 오늘날에는 멸종한 지역이 많아 분포 지역이 띄엄띄엄 떨어져 있다. 한편, 공벌레는 차원이 다르다. 단일종이지만 화물에 섞여 전 세계로 퍼지면서 분포하지 않는 지역이 없을 정도가 되었다(다만 널리 퍼진 다음 유전적으로 다양해지기는 했다). 공벌레의 원산지는 유럽으로 추정되지만 정확하지 않다.

독수리가 사체를 찾아다닌다니 잘 와닿지 않을 수도 있지만, 맹금류는 몸집이 크든 작든 청소동물이다. 당당한 풍채의 참수리와 흰꼬리수리도 연어나 에조사슴의 사체를 먹는다 하니 결국 배만 채우면 그만인 셈이다. 사소한 건 아무래도 좋다.

그런데 오스트레일리아에도 대형 독수리가 살았다는 사실이 화석을 통해 드러났다. 바로 얼마 전 발표된 논문에 따르면 1901년에 발견된, 수리eagle로 추정되는 화석을 재검토한 결과 독수리류 vulture의 화석임이 밝혀졌다. 20세기 후반에는 미심쩍다는 의견이 주류였지만, 뒷다리 뼈가 빈약해서 살아 있는 사냥감을 덮칠 정도로 강하지 않다는 점이 결정적인 단서가 되었다고 한다.

크립토집스 라세르토수스Cryptogyps lacertosus라고 새롭게 명명된 이 화석의 연대는 5만 년에서 50만 년 전이다. 크기는 쐐기꼬리수리와 비슷하며, 이것이 멸종한 후 쐐기꼬리수리가 생태적 지위를 메우기 위해 급격히 진화했거나 사체를 먹도록 행동 양식이 변하지 않았을까 추측된다.

50만 년 전에도 까마귀는 존재했으니 이 크립토집스는 까마귀와 공존하는 방향으로 진화했을 것이다. 그런데 까마귀가 존재하지 않았다면?

오스트레일리아의 독수리가 까마귀의 생태적 공백을 차지할 수 있도록 소형 종으로 분화한 후 대형 독수리가 멸종한 뒤에도 작은 몸집의 이점을 살려 살아남았을지 모른다. 이런 상황 속에 다시 대형 종이 일찍이 분화했다면 쐐기꼬리수리가 군림하지 못하게 막지 않았을까. 어쩌면 원래 역사대로 대형 종인 쐐기꼬리수리가 생태적 지위를 차지하면서 대형 수리와 소형 독수리가 공존하는 세상이 되었을지도 모른다.

어느 쪽이든 까마귀가 사라진 가상의 세상에서는 소형화한 '까마귀독수리'가 활개 칠 가능성도 부정할 수 없다. 아메리카 대륙에서 진출한 '까마귀콘도르'와 어디서 충돌할지도 볼 만하다.

아메리카 대륙과 유라시아 대륙은 한때 이어져 있었다. 이를테면 말의 친척은 북아메리카에서 진화했는데, 약 250만 년 전 아시아와 북아메리카를 잇던 베링 육교를 건너 유라시아에 도달했다. 연대를 따지면 약 300만 년 전에 '까마귀콘도르'나 '까마귀카라카라'는 남아메리카에서 북아메리카로 들어온 다음 계속 북쪽으로 이동했고, 베링 육교를 건너 유라시아에 침입했을 것이다. 한편, 독수리류는 500만 년 전부터 북아메리카에 진출할 수 있었다.

이 경우 최상위 분류는 전부 '까마귀독수리'로 통합되고 시간이 흐른 뒤에야 '신대륙까마귀독수리'가 분리되는 한편, 미묘한 위치에 분포하는 종이 독수리 계열인지 콘도르 계열인지를 두고 끝없이 논쟁이 이어질 듯하다.￭

독수리와 콘도르도 먹이를 찾아 아침부터 날아다닌다. 그러나 몸집이 클수록 체력을 아끼기 위해 활공하므로 기류를 이용하려는 경향이 있을지도 모른다. 이는 포식성 맹금류도 마찬가지다. 환경 영향 평가 아르바이트를 할 당시 이른 아침에는 맹금류가 별로 안 보인다는 인상을 받았다. 뿔매는 점심시간 때까지 날지 않는다는 의견이 있어, "탐조를 놓치지 않으려고 점심 식사를 미룬다"는 사람도 있을 정도였다. 명확하게 밝혀진 바는 아니지만, 탐조의 철칙과 달리 새들이 이른 아침에만 움직이는 건 아니다. 바람이 아래에서 위로 분다고 반드시 상승 온난 기류를 탄다고 볼 수도 없고, 언덕 경사면에 부딪혀 타고 오르는 바람 등도 이용할 수 있으므로 이른 아침에는 바람을 이용할 수 없다는 말도 사실이 아니다. 그저 하나의 경향에 불과하다. 작은 새라면 이렇게까지 영향을 받지 않을 수도 있고, 어쩌면 까마귀만큼 아침 일찍 날지 않을 뿐인지도 모른다.

그런데 아침에 활동하지 않으면 '태양의 새'라는 인상이 옅어지지 않을까. 고대 중국과 고대 이집트에서는 '태양이 뜨는 방향

■ 실제로 맹금류의 분류는 지금도 계속 바뀌고 있다. 국제조류학회의 최신 정보에 따르면 뿔매속과 검독수리속 분류가 크게 달라졌다. 외형으로 구분하기 어려운 새매속 삼 형제인 참매, 새매, 조롱이가 전부 각기 다른 속으로 나뉘었다.

에서 날아오는 새'가 사라지고 만다. 그리고 일본 신화의 삼족오(야타가라스)도 등장할 수 없다. 신화 내용이 일부 바뀌면서 금빛 솔개만이 홀로 활약하게 될 것이다. 구마노 신사의 에마(신사나 절에 소원을 적어 매다는 작은 나무판으로, 그림이 그려져 있다―역주), 오쿠니타마 신사의 부채에서도 까마귀는 사라진다.

태양의 사자인 삼족오가 존재하지 않는 이상 제1권 『까마귀에게 혼자는 어울리지 않는다』로 시작되는 아베 지사토의 '야타가라스 소설 시리즈'도 존재할 수 없다.

한편, 콘도르류는 날개를 펼치고 일광욕을 한다. 깃털을 말리고 살균하는 목적도 있지만, 구부러진 깃털을 펴려는 목적도 있다. 안데스콘도르는 날개를 펼친 길이가 3미터나 되고 몸무게는 10킬로그램이나 되는 거대한 새인데, 날고 있을 때는 날개가 이 몸무게를 지탱한다. 이 때문에 날개 끝부분의 깃털이 뒤로 꺾이기 쉽지만(몸무게를 지탱할 뿐만 아니라 날개의 상반각과 날개 끝에서 발생하는 와류를 제어하기 위해서도 필요한 형태다) 햇볕을 쬐면 깃털 줄기를 빠르게 펼 수 있다고 한다. 그러므로 태양을 향해 날개를 펼치는 새가 될 수도 있으니 자연스럽게 태양신앙과 연결고리가 생길 수도 있지 않을까. 의문은 들지만 "가능성이 없지는 않다" 정도로 마무리하자. 다만 시리즈 제목이 야타가라스에서 '야타콘도르' 혹은 '야타하게와시(독수리)'로 바뀌고, 새로 변신할 때의 모습이 다소 기분 나쁠 수도 있다는 점이 아쉽다.

그런데 콘도르류에는 큰 문제가 하나 있다. 녀석들은 나무 위가 아니라 절벽에 둥지를 짓는다. 따라서 건조 지대나 산악 지대에 어울리는 새다. 나무를 이용하더라도 꺾인 나무 기둥에 생긴 구멍을 이용할 뿐이다. 독수리는 절벽에도 살고 주름얼굴독수리처럼 아카시아나무 위에 거대한 둥지(지름 2미터, 높이 70센티미터인 둥지도 있다)를 만드는 종도 있으므로 둥지 지을 장소를 좀 더 폭넓게 고를 수 있다. 몸집이 작은 독수리가 진화해서 나무 위에 둥지를 틀도록 진화하는 경우가 가장 그럴듯하겠다. 까마귀보다는 둥지가 크겠지만 말이다.

애초에 카라카라는 나무 위나 큰 선인장 위에 둥지를 트는 게 보통이라 이쪽이 좀 더 까마귀와 비슷하다. 도심에서도 둥지 때문에 곤란을 겪지 않을 테고.

씨앗 산포자로서의 대역은?

또 다른 문제는 식성이다. 과일을 어느 정도 먹는 카라카라는 그렇다 치더라도 독수리와 콘도르는 보통 고기를 먹는다. 녀석들이 과일을 먹는 데 적응한다면 좋겠지만, 단순히 사체 식성을 유지한 채 빈자리를 채울 뿐이라면 씨앗 산포자만 줄어들고 만다. 특히 감과 비파처럼 열매와 씨앗이 모두 큰 식물은 씨앗을 퍼뜨리지 못한다. 과일을 먹는 대형 조류가 새롭게 등장해 진화하는 미래를 상상할 수도 있겠지만, 이런 식으로는 한도 끝도 없다. 최악의 경우 씨앗을 못 퍼뜨리는 식물은 멸종될지도 모른다.

까마귀가 퍼뜨리는 씨앗 중에는 은행나무도 있다. 보통 다른 새들은 잘 안 먹지만, 까마귀가 은행나무 열매를 먹는 모습을 본 적이 있다. 까마귀뿐만 아니라 너구리도 은행나무 열매를 먹는다.

은행나무는 세계적으로 유명한 살아 있는 화석이다. 은행나무의 학명 *Ginkgo biloba*의 *Ginkgo*는 은행銀杏의 일본어 발음에서 따왔고, 종소명specific epithet인 *biloba*는 두 개의 잎이라는 뜻이다. 중생대에 번성한 은행나무의 친척 중 원예종만이 살아남았으며 지금은 '중국의 어느 지방이 원산지'라는 점 외에는 정보가 없다. 은행나무가 번성했던 시대에는 공룡도 씨앗을 퍼뜨렸을 가능성이 있는데, 만약 사실이라면 은행나무는 생태학적 파트너를 잃어버린 셈이다.

은행나무 열매의 특징인 악취의 원인은 뷰티르산과 에난틱산이다. 뷰티르산은 독특한 냄새가 나는 치즈에도 있다. 발냄새 역시 뷰티르산 때문에 생기며, 피부에서 배출된 노폐물이 분해될 때도 뷰티르산이 생긴다. 에난틱산은 기름이 분해될 때 만들어진다. 즉 둘 다 '생물체가 분해되는 과정에서 발생하는 냄새'다. 그러므로 썩은 고기를 먹는 생물이 이를 맡고 모여들 수도 있다는 뜻이다. 만약 공룡이 은행나무의 산포자였다면, 이런 냄새에 끌리는 사체 식성의 공룡도 존재하지 않았을까?

그렇다면 사체를 먹는 콘도르가 은행나무 열매를 먹고 퍼뜨릴 가능성은? 확실히 터키콘도르가 황화메테인싸이올을 감지해서 먹이를 찾는다는 연구가 있다. 황화메테인싸이올은 썩은 양파에서 나는 악취의 원인인데, 이 역시 생물이 썩었을 때 나는 냄새의 성분이어서 사체를 먹는 생물은 '이 냄새가 나는 곳에 먹이가 있다'라고 인식한다. 그렇다면 냄새를 더듬어 은행나무를 찾았을 수도 있지 않을까?

그러나 안타깝게도 터키콘도르가 다른 냄새 물질까지 감지한다는 증거는 없다. 터키콘도르의 후각이 '황화메테인싸이올 전용 센서'라면, 은행나무에는 반응하지 않을 것이다. 그러나 여러 지표를 구별해서 맡을 수 있다면 가능성은 남아 있다. 이런 경우라면 은행나무는 먼 거리를 이동하는 파트너를 얻어 멸종을 피할 수 있고, 우리도 가을 별미로 은행이 든 계란찜과 은행구이를 계속 즐길 수 있다.

그러나 감과 비파는 여전히 씨앗을 퍼뜨려줄 생물이 없으므로 까마귀가 없는 세상에는 곶감이나 감잎 초밥이 존재하지 않을지도 모른다. 둘 다 내 고향인 나라현의 특산품인데, 향토 산업 관점에서는 심각한 문제다.

갈매기가 까마귀의 대역이 될 수 있을까?

청소동물 중 갈매기류도 대역으로서 진화할 가능성이 있다. 특히 바닷가나 넓은 내수면 주변에서는 갈매기가 까마귀의 지위를 빼앗을 가능성도 있다.

예를 들면 시레토코반도에서 본 광경이 떠오른다. 어느 집 창문이 열리더니 사람이 안뜰에 음식물 쓰레기를 휙 버렸다. 아마 다금바리 같은 생선이었던 듯싶다. 그 순간 가까이 있던 재갈매기와 큰재갈매기 떼가 엄청난 기세로 앞다투어 몰려들더니 깔끔하게 먹어 치우는 게 아닌가. 큰부리까마귀도 근처에 있었지만, 갈매기 떼를 쫓아버리면서까지 쟁탈전에 끼어들 낌새는 없었다. 대형 갈매기에게서 까마귀도 범접할 수 없는 박력이 느껴졌다.

한편, 스웨덴의 스톡홀름도 갈매기의 도시다. 물론 까마귀도 있다. 서양갈까마귀가 노천카페 주변에 자리를 잡고 있다가 누군가 좌석에 앉으면 가서 먹이를 달라고 조르고, 뿔까마귀는 공원을 돌아다닌다. 그러나 선착장에 가면 갈매기 군단이 관광객의 관심과 먹이를 독차지한다. 서양갈까마귀는 갈매기에게 치이지 않도록 필사적으로 피하면서 땅바닥에 떨어진 먹이를 주워 먹는다. 일본으로 치면 까마귀와 집비둘기의 관계와 비슷하다.

까마귀가 사라지면 갈매기의 세력은 훨씬 확장될지 모른다. 그러나 일본에서는 주로 괭이갈매기가 번식하고, 큰재갈매기는 홋카이도를 비롯한 일본 북부에서나 번식할 뿐이니 번식 가능 지역이 한정적일지도 모르겠다. 굳이 따지자면 갈매기는 추운 지역에 사는 새다.

그리고 갈매기는 과일을 거의 먹지 않기 때문에 까마귀의 역할을 완벽하게 대신할 수 없다. 게다가 기본적으로 물가와 바닷가에 사는 새인 만큼 숲에 살기도 어려울지 모른다. 둥지도 나무 위가 아니라 자갈밭이나 바위가 많은 곳, 풀이 거의 자라지 않는 황무지에 짓는다.

그러나 도시에서 번식할 가능성은 있다. 괭이갈매기가 도쿄의 건물 옥상에 둥지를 틀고 번식한 사례가 있다. 하지만 까마귀보다 더 눈엣가시로 여겨지는 느낌이라 둥지를 틀더라도 금방 사람에게 내쫓길 테니 번식하기 어렵겠지만 말이다. 집단 번식 생물인 갈매기는 여러 쌍이 한데 모여 번식하므로 넓은 장소가 필요하고, 시끄러워서 금방 들통이 난다. 심지어 먹이인 작은 물고기와 배설물들로 옥상을 더럽히기까지 한다. 따라서 까마귀처럼 도시 전역에 적응해 살면서 번식하기는 어려울 듯하고, 빌딩이 세워지기 전까지는 인간 거주지역에 살기도 힘들다.

까마귀는 나무 위에서 번식하므로 교외라면 마을 주변의 숲에, 도시라면 가로수나 공원에 둥지를 틀기도 하는데 이게 또 의외로 눈에 잘 띄지 않는다. 그들은 생각보다 도시에 잘 적응한 개체로 볼 수 있다.

결국 갈매기 역시 까마귀의 자리를 완전히 대체하기는 어려울 듯하니 포기해야겠다.

결론

몸집이 작은 독수리와 콘도르가 진화한다면 청소동물 혹은 쓰레기를 뒤지고 다니는 새로서 까마귀의 대역이 될 수 있다. 카라카라 종류가 대역이 되는 경우도 생각해볼 만하다. 나무 위에 둥지를 트는 특성을 고려하면 공원이나 가로수에 둥지를 트는 '까마귀 같은 새'가 될지도 모른다. 이런 면에서 갈매기는 약간 불리하다.

그러나 이 새들에게는 과일 식성을 기대하기 어렵다는 공통적인 문제가 있다. 나라현 출신으로서 나는 감나무의 멸종은 도저히 받아들일 수 없다. 이런 미래를 피하려면 과일을 먹는 또 다른 대형 조류의 진화가 세트로 따라야 한다. 그렇게 되면 코뿔새나 왕부리새 혹은 몸집이 커진 직박구리가 온 세상에 퍼져야 하지 않을까 싶은데, 여기서 더 억지를 부리자니 머리가 터질 것 같다. 아쉽지만 이 가정은 포기하자. 몸집이 작아지고 과일 식성에도 적응한 독수리라면 가능할 듯싶지만…… 아무래도 너무 작위적인 것 같다.

도시에 사는 동물 중에서
대역이 나온다면

후보 2 : 찌르레기, 바다직박구리

우선 '찌르레기'가 구관조만큼 커졌다고 가정해보자.

동남아시아의 거리를 앞마당처럼 활보하며 쓰레기봉투를 쪼는 검은머리갈색찌르레기를 보고 있자면 까마귀의 대역이 될 자질이 충분해 보인다. 곤충과 작은 동물뿐만 아니라 과일도 먹으므로 식성 면에서도 문제 될 부분이 없다. 다만 찌르레기과 조류 중 사체를 먹는 데 특화된 종은 마땅히 떠오르지 않는다. 그렇다면 수렵 채집 민족의 신이 되기엔 어려워 보인다. 이들이 까마귀를 신으로 모시는 이유는, 사냥감을 처리할 때 쥐도 새도 모르게 나타나고 때로는 사냥꾼의 뒤를 쫓는 신비한 면모 때문이다. 이런 행동은 특히 늑대의 뒤를 따라다니며 사체를 주식으로 먹는 큰까마귀에게서 잘 드러난다. 마을 주변에서 쓰레기나 뒤질 뿐이라면 천박한 새, 쓸모없는 새로 취급받을 뿐 사람들이 신처럼 떠받들 일은 없지 않을까.

설령 있다고 해도, 기껏해야 유럽의 까치 정도의 위치에 머물 것이다. 그렇다면 신은 아니다. 다만 장난기 있는 악동으로 귀여움을 받을 수는 있겠다.

그리고 사체 식성에 특화되지 않았다는 점은 사람들이 까마귀를 꺼리는 큰 이유인 사체 파헤치기를 안 한다는 뜻이다. 서부 개척 시대 총잡이들의 무덤을 레이븐스톤ravenstone으로 부르던 일도, 독일에서 사형수를 '까마귀 먹이'라는 뜻의 라베나스rabenaas로 부르는 일도 사라질 것이다.

오히려 지금보다 사람에게 더 사랑받는 존재가 될지도 모른다. 까마귀 애호가라면 "잘됐네"라고 말할 수 있겠지만, 불현듯 의문이 들었다. 그러면 까마귀의 다크히어로, 무법자 같은 매력이 없어지지 않을까. 스스로 생각해도 너무 억지 같지만, 이 역시 까마귀의 특성이니 지켜줘야 한다고 생각한다. 다만 독수리나 매 정도의 사체 식성도 금기시하는 이슬람 문화권에서는 녀석들을 여전히 부정하다고 여길 듯하다.

대역 후보인 찌르레기가 원래 세상의 까마귀와 얼마나 비슷해질지는 몸집 크기와 사체 식성의 적응도에 달려 있다.

한편으로는 생태계에서 사체의 분해 속도가 느려지면 삼림의 재생산 능력도 떨어진다는 점을 고려해야 한다. 그렇다면…… 일본의 식생 역시 약간 달라질지 모르겠다.■ 간단히 말해 식생의 천이 및 수목의 발달 속도가 느려진다는 의미다. 더 망상을 펼쳐보자면, 일본의 초원 지대가 지금보다 더 넓어졌을지도 모른다.

초원 지대가 넓어지면 무슨 일이 생길까? 토끼와 사슴이 늘어나는 동시에 사냥이 수월해지는 만큼 검독수리의 개체 수가 늘어날 것이다. 한편, 숯과 땔감을 공급하기 위해 조성된 숲에서는 나무를 벤 자리에 새로운 나무를 심고, 그것을 키워서 다시 베는 '사이클'이 느려진다. 그러면 나무를 지나치게 많이 베어 민둥산이 되어버린 에도 시대의 '마을 공동 산림' 같은 숲이 더욱 늘어날 테고, 일본 산인 지방에서 전해 내려오는 전통 제철법인 '다타라 제철'에도 문제가 생긴다. 제철에는 연료가 대량으로 필요한 데다 채광을 위해 산을 깎아내리기 때문에 생태계 유지에 상당히 신경을 써야 한다.■■ 이 때문에 제철 산업은 더욱 어려워질

■ 까마귀가 분해자로서 생태계에 얼마나 기여하는지를 조사한 연구는 찾을 수 없었다. 따라서 사체의 분해 속도가 얼마나 느려질지는 미지수다. 현실에서는 포유류 등 다른 동물이 곧바로 사체를 먹어 치워서 큰 차이가 없을 가능성도 당연히 있다.

것이다. 다타라 제철 마을이라면 대표적으로 지브리 애니메이션인『모노노케 히메(원령공주)』의 배경이 떠오르는데, 까마귀가 사라진 세상에서는 마지막 장면이 좀 더 격렬하게 바뀔지도 모르겠다.

찌르레기가 까마귀의 대역이 된다면 까마귀와 다른 장소에 둥지를 틀 가능성이 크다. 찌르레기류 새는 대개 나무 구멍에 둥지를 튼다. 찌르레기뿐만 아니라 구관조도 마찬가지다.

문제는 녀석들의 크기다. 찌르레기는 환기구 혹은 두껍닫이(미닫이문을 열 때 문짝이 보이지 않도록 옆벽에 들어가게 만든 구조─역주)나 파이프 안에 둥지를 튼다. 고가도로에 설치된 배수관이나, 야구장의 백네트를 지지하는 와이어에 씌운 파이프 속에도 들어간다. 찌르레기라면 지름이 5센티미터만 되어도 충분하다. 그러나 까마귀만큼 커진다면 입구의 지름이 10~15센티미터는 되어야 들어갈 수 있고 내부 공간도 넓어야 한다. 꽁지깃이야 어떻게

■■ 그럼에도 제철 사업이 장기적으로 포유류에 영향을 미친다는 연구가 2023년에 발표되었다. 산토끼, 사슴, 멧돼지 등 초원에서 풀을 뜯는 중형 동물에게는 오히려 긍정적으로 작용하지만, 제주땃쥐, 겨울잠쥐, 날다람쥐처럼 숲에 사는 소형 포유류의 다양성은 감소한다고 한다. 나무가 우거진 깊은 숲이 사라지거나 분단되면 이동 능력이 낮은 소형 포유류는 새로운 서식지로 피신하지 못한 채 멸종하거나, 살아남더라도 같은 자리로 다시 돌아오지 못하기 때문이라고 한다.

든 접어 넣는다 해도, 몸집이 까마귀만 하다면 얘기가 달라진다. 아무리 몸집이 작은 집까마귀도 몸길이가 40센티미터는 되고, 큰까마귀는 65센티미터나 된다. 이 정도로 큰 새가 나무 구멍에 살려면 올빼미나 코뿔새가 살 정도의 구멍이 필요하다. 난처하게 됐다. 둘 다 둥지 틀 장소가 적어서 골머리를 앓는 새들 아닌가. 이렇게 큰 새가 나무 구멍에 둥지를 틀려면 상당히 굵은 나무여야 하고, 말라비틀어지거나 썩은 나무여도 안 된다.

까마귀가 도시에 이 정도로 적응해 살 수 있는 이유는 나무 위에 둥지를 트는 습성 덕분이다. 가로수나 공원을 이용하면 비교적 쉽게 번식 장소를 찾을 수 있다. 거대한 나무 구멍이 필요한 새는 도시가 아니더라도 번식하기 어렵다. 일례로 파랑새는 종을 보전하기 위해 새집을 설치할 정도다. 대만에서도 아시아오색조의 종 보전을 위해 인공 나무 구멍을 시험 중이다. 둘 다 몸길이 30센티미터도 되지 않는 새이기에 가능한 방법이다.

그러므로 이 '대형 찌르레기'가 도시에서 번식하기는 어려울 듯하다.

아니, 나무 구멍에 사는 '까마귀'로는 서양갈까마귀 사례가 있다(엄밀히는 국제조류학회 분류상 까마귀속에서 분리되어 갈까마귀속으로 바뀌었지만). 녀석들은 나무 구멍이나 벼랑의 움푹 팬 자리를 좋아하는데, 구멍 안에 잔가지나 마른풀을 집어넣은, 조금은 신기한 둥지를 짓는다.

서양갈까마귀는 때때로 환기구나 벽돌이 빠진 구멍에도 둥지를 튼다. 그러나 몸길이가 약 33센티미터로 까마귀치고는 상당히 작은 편이라 가능하다. 만약 몸길이가 56센티미터인 큰부리까마귀만큼 커진다면 들어갈 수 있는 장소는 꽤 줄어들지 않을까. 그래도 일단 나무 구멍에 둥지를 트는 새 중 도시에 적응할 만한 사례로 기억해두도록 하자.

도시에 둥지를 튼 새라면……

도시에 사는 새 중 딱 떠오르는 새가 있다. 바로 집비둘기다.

집비둘기는 도시에 지긋지긋할 정도로 많은데, 거의 예외 없이 인공물에 둥지를 튼다(똑같이 도시에 사는 멧비둘기는 나무 위에 둥지를 튼다). 원래는 바위산 절벽의 갈라진 틈이나 움푹 들어간 곳에 살았던 것 같지만, 도시에서는 건물 옥상, 사람이 드나들지 않는 베란다,■ 고가도로 밑, 역사 철골 위 등에 둥지를 짓는다. 건축물을 '바위산의 대용품'으로 보고, 적당히 '벼랑 중턱에 튀어나

■ 고작 며칠만 자리를 비워도 충분한 모양이다. 내 친구가 깜박하고 실험실 창문을 제대로 닫지 않은 채 학회에 다녀온 적이 있는데, 돌아와보니 창가에 있는 친구의 책상 위에 비둘기 둥지가 있고 그 안에 웅크리고 있던 어미 새가 친구를 곁눈질로 흘겨봤다고 한다.

온 바위 같은 곳'이나 '절벽 틈새 같은 곳'이 있으면 둥지를 트는 식이다.

따라서 나무 구멍이 아니라 바위산에 사는 몸길이 30~40센티미터인 조류도 도시에서 번식이 가능할 듯하다. 오늘날의 빌딩가라면 나무 둥지를 좋아하는 큰부리까마귀보다 둥지 틀 장소 찾기가 수월할 수 있다.

집비둘기뿐만이 아니다. 바위 밭에 살면서 그 틈새에 둥지를 트는 새라면 바다직박구리도 있다. 원래 절벽에 사는 새지만, 항구에 설치된 테트라포드의 틈새도 곧잘 이용한다. 도시에 들어오더라도 지붕 밑의 구멍이나 철골이 얼기설기 엮인 공간처럼 구멍이 뚫린 곳이라면 좋아할 듯하다.

그러므로 찌르레기나 바다직박구리가 까마귀처럼 변했을 때 몸이 비둘기만큼 작아지면 도시에서도 둥지를 틀 수 있다는 게 어느 정도 증명된 것 아닐까. 까마귀만큼 커지면 제약을 받겠지만 말이다.

문제는 '언제부터 인간 곁에서 살 수 있느냐'다.

일본에서 집비둘기를 부르는 또 다른 이름인 '사당비둘기'에서 '사당'은 절을 뜻한다. 절에서 새를 날려 보내는 방생회 때 집비둘기를 사용했던 탓도 있지만, 집비둘기가 들어가 살 정도로 큰 건물이 사원 정도밖에는 없었던 점도 한몫했을 것이다. 그렇다면 일본에서 비둘기가 사람 사는 마을에 자리 잡은 시기는 아무리 빨라도 일본 최초로 불교문화가 탄생한 아스카 시대(592~710년)부터라는 말이 된다. 약 1,300년 정도 지나면 인간에게 익숙해지는 걸까? 단정하기에는 조금 미묘하다. 까마귀가 인간 집단과 함께한 시기는 아마도 석기 시대부터였을 것이기 때문이다.

그리고 역시나 '아침의 새'라는 인상은 사라질 듯하다. 찌르레기류 새는 보통 저녁 무렵 무리 지어 거대한 보금자리를 만들기 때문에 '저녁의 새'라면 몰라도 '아침에 태양이 뜨는 방향에서 날아오는 새'라는 인상은 없다. 까마귀의 생태적 지위에 적응해서 몸집이 커진 찌르레기가 무리 지어 날면 까마귀처럼 보이겠지만……. 과연 찌르레기가…….

왠지 까마귀만큼 멋들어진 이미지가 떠오르지 않는데 기분 탓일까? 단지 내가 까마귀를 좋아해서인가? 이쯤 되니 까마귀의 대역으로 찌르레기를 올리기에는 뭔가 부족한 느낌이 든다. 게다가 찌르레기 떼는 상당히 시끄럽다. 까마귀보다도 시끄러워서 사람들에게 배척당할지 모른다.

성대모사 면에서는 찌르레기류도 조금은 희망이 있다. 인간이 기르면 말소리를 비슷하게 따라 할 수 있기 때문이다. 다만 말하는 찌르레기가 신기할지는 몰라도 냉정히 판단하면 그렇게까지 능숙하지는 않다. 따라서 구관조만큼 성대모사에 특화되지 않는 한 '영영 없으리' 같은 명대사도 별로 인상적이지 않을 듯하다.

솔딱새과 중에는 거대해진 바다직박구리를 염두에 두고 있다. '거대해진'이라 하니 B급 괴수 영화가 떠오른다.

바다직박구리는 과일과 곤충을 먹지만 의외로 몸집이 큰 동물도 먹는다. 몸집이 크다고는 해도 비교적 소형 동물이고, 제비의 알과 새끼를 덮치기도 한다. 그러므로 몸길이가 지금의 1.6배 정도인 40센티미터 정도로 커지면 생활사가 까마귀와 꽤 비슷해지지 않을까 기대된다.

문제는 이토록 큰 솔딱새가 없어서 실제 생활사를 관찰할 수 없는 탓에 실재하지 않는 새를 멋대로 상상할 수밖에 없다는 점이다.

이 새는 '과일 식성'과 '어느 정도의 포식성'이라는 두 가지 습성에서 까마귀의 대역이 될 조건을 만족한다. 문제는 역시 사체 식성에 특화되지 않을 가능성이 높다는 점이다. 이 때문에 찌르레기와 마찬가지로 까마귀다운 특징이 일부 옅어질 것 같다.

그렇다면 그들의 둥지는 어떨까?

이전에 책을 쓰면서 바다직박구리를 '개똥지빠귀의 친척'이라고 설명했는데, 이번 기회에 갱신하고자 한다. 기존에 지빠귀과였던 새 중 일부가 솔딱새과로 분류되었는데 바다직박구리도 이 중 하나다.

새로운 분류에 따르면 바다직박구리는 솔딱새과 검은딱새아과이다. 울새속, 유리딱새속, 황금새속 등이 여기에 속하는 그룹이다. 그중 울새와 유리딱새는 지상의 그늘이나 나무뿌리 근처에 구멍을 파고 눈에 띄지 않도록 둥지를 짓는다. 즉 후미진 땅에 둥지를 숨긴다는 점에서 바다직박구리와 비교적 비슷하다.

황금새의 둥지는 나무 위에 있지만, 나무 구멍도 이용한다. 어째서인지 이 종류의 새는 나뭇가지를 엮어 나무 위에 둥지를 짓는 습성이 없다.

그렇다면 이 '까마귀딱새'는 큰 나무 구멍에서만 번식할 터이다. 설령 바다직박구리처럼 유연하게 장소를 골라 둥지를 틀더라도 신사나 절이 들어서기 전까지는 인간 근처에 오지 않을지도 모른다. 이런 점은 찌르레기와 같다.

까마귀속은 기본적으로 나무 위에 둥지가 있다. 절벽에 사는 종도 있지만, 무조건 절벽만 고집하는 종은 없다. 서양갈까마귀는 움푹 들어간 벽에 둥지를 틀지만, 국제조류학회의 최신 분류에 따르면 녀석들은 까마귀속이 아니라 갈까마귀속이다.

왠지는 몰라도 까마귀의 대역으로 삼을 만한 새 중에는 신기할 정도로 절벽이나 나무 구멍에 둥지를 트는 종이 많다. 나무 위에 살도록 습성을 바꿀 수는 없을까?

……녀석들의 습성을 까마귀와 생태적 지위를 나눠 가져서라거나, 까마귀의 포식을 피한 결과로 볼 수는 없을까? 이게 사실이라면 까마귀가 사라졌을 때 찌르레기나 딱새가 나무 위에 둥지를 틀 가능성도 제로는 아닐 텐데……. 관두자. 까마귀가 사라지지 않은 지금도 개방형 둥지를 짓는 새가 멸종하지 않았을뿐더러 찌르레기가 나무 구멍에 살았기 때문에 까마귀에게 잡아먹히지 않고 번성했다는 증거도 없다. 아무래도 지나치게 억지스러운 느낌이다. 결국 나무 구멍에 둥지를 트는 습성 그대로 생각할 수밖에 없다.

한편 솔딱새과만의 특징도 하나 있다. 솔딱새과 새들은 앞에서 꼽은 까마귀의 대역 후보 중 유일하게 울음소리가 예쁘다. 울음소리만큼은 인간의 마음에 들 가능성도 있다.

다만 몸집이 커지면 울음소리도 저음이 된다는 점을 잊어서는 안 된다. 따라서 바다직박구리처럼 듣기 좋은 울음소리가 아니라 쓸데없이 길고 거슬리는 탁성, 마치 『도라에몽』에 나오는 퉁퉁이의 노래 같은 소리를 낼지도 모른다. 되려 인간들이 싫어할 수도 있다.

게다가 솔딱새과 새들은 아침이나 밤에 무리 짓는 습성이 없다. 따라서 '태양의 새'나 '신의 사자' 같은 상징도 될 수 없다. 전 세계의 신화와 전설, 관습과 문화, 문학과 예술, 나아가 엔터테인먼트의 내용도 상당히 달라지리라고 생각한다. 일본축구협회의 마크는 삼족오에서 바뀔 테고, 구마노 신사와 가라스모리 신사도 까마귀를 신으로 모시지 않게 될 것이다. 북유럽 신화에서 오딘의 어깨 위에 후긴과 무닌이 앉는다는 묘사도 사라지고, 돌고 돌아 세일러문의 비키가 까마귀 두 마리를 데리고 다닌다는 설정도 사라질 것이다. 배에서 날려 보낸 까마귀가 인도해준 덕분에 아이슬란드를 발견했다는 '큰까마귀 플로키' 대신 다른 새를 따라가다가 무사히 아이슬란드를 발견하든가, 최악의 경우에는 아이슬란드를 아예 발견하지 못할지도 모른다.

이렇게 되면 아이슬란드 출신 탐험가 레이프 에이릭손이 아메리카 대륙을 '발견'한 사실도 없던 일이 된다(에이릭손은 서기 997~1000년경의 항해에서 아메리카 대륙에 도달했는데, 이는 콜럼버스보다 500년 가까이 빠르다). ……이들은 아메리카 대륙에 도달해서 정착했지만 이후의 흔적이 없기에 아메리카에 도달했든 하지 못했든 역사는 그리 바뀌지 않겠지만 말이다.

단, 유럽에서는 1958년, 1972년, 1975년 영국과 아이슬란드 사이에 '대구 전쟁'이 발발한 역사가 있다. 만약 아이슬란드가 없었다면 대구의 어획량은 어떻게 달라졌을까? 별반 다르지 않을까? 대구 전쟁에서 진 영국이 자신감을 잃는 일은 생기지 않을 수도 있겠다. 나아가 아이슬란드가 없으면 대구 전쟁Cod War뿐만 아니라 냉전Cold War에도 영향이 간다. 아이슬란드의 케플라비크 기지는 나토NATO와 미국의 대소련 전략상 중요한 거점이었기 때문이다.

한편, 일본은 노르웨이와 아이슬란드에서 고래 고기를 수입한다. 수요 위축의 장기화로 아이슬란드는 2024년도부터 상업 포경을 전면 중지하겠다고 했다. 만약 아이슬란드라는 나라가 없었다면 고래 고기는 더 구하기 어려웠을지도 모른다.

찌르레기와 바다직박구리가 까마귀의 자리를 차지한다면 일본의 원초적인 풍경조차 달라질 우려가 있다. 게다가 고래 고기로 만든 베이컨과 전골 요리를 먹을 수 없게 될지도 모른다. 이 정도는 괜찮지만, 동서 진영의 양상이 바뀐다면 이야기가 다르다. 최악의 경우 오만가지가 어긋나면서 전면 핵전쟁이 발발한 결과 모히칸 머리를 한 악당이 "핫하!" 하고 웃는 세상이 될지도 모른다. 오물은 태워 없앤다아아!(부론손과 하라 테츠오의 만화 『북두의 권』의 등장인물인 사우더의 부하가 화염방사기를 쏘며 하는 대사. 핵전쟁으로 황폐해진 세계가 배경이다―역주)

……아니, 레이프 에이릭손이 아니더라도 노르웨이 같은 나라에서 아이슬란드를 발견한다면 고래도 수입할 수 있고 나토 기지도 세울 수 있을 테니 지금과 별 차이가 없을지도 모른다. 다만 영세 중립국인 스웨덴 왕국이 먼저 발견해서 영토로 삼는다면 아이슬란드 땅에 기지는 세울 수 없다. 뭐, 그렇게 되면 스웨덴의 국방 사정 자체가 바뀔 테고……. 음, 역시 역사가 바뀔지도 모르겠다.

상당히 위험하단 느낌이 들어서 가능하면 이 방안은 없애고 싶지만, 다른 사체 식성 동물과 세트로 묶인다면 이 방법도 그럴듯하다.

머리가 좋은 새 중에 대역이 나온다면

후보 3 : 앵무새

이 방안은 까마귀의 유명한 특징······ '머리가 좋다'는 특성을 확실히 챙길 수 있다는 장점이 있다. 개인적으로 찌르레기나 카라카라가 수도꼭지를 직접 돌려서 물을 마시는 모습은 잘 상상되지 않지만, 앵무새라면 전혀 이상하지 않다(개인적인 느낌이다).

나는 '까마귀는 똑똑하다'라는 틀에 박힌 설명을 싫어하지만, 녀석들은 정말로 기억력과 지적 능력이 높다. 이에 관한 연구도 많고 이 책에서도 일부 소개한 바 있다.

까마귀는 분명 체중 대비 뇌가 비교적 무거운 새에 속한다. 그러나 회색앵무 같은 일부 앵무새의 뇌 무게는 까마귀의 그것을 훨씬 웃돈다.

새는 몸이 극단적으로 가벼우므로 몸무게를 기준으로 포유류와 새를 섣불리 비교할 수 없겠지만 새들끼리는 비교해도 별문제가 없다. 뇌의 크기를 따지면 회색앵무는 까마귀보다 훨씬 크다. 실제로 회색앵무가 인간의 언어에 담긴 의미를 이해하고 대화를 나눴다고 생각할 수밖에 없는 사례도 있다.

유명한 회색앵무 알렉스는 심리학자의 반려동물이었는데, 상당히 고차원적인 개념을 다룰 줄 알았다. 이를테면 사과 2개와 바나나 3개가 있을 때 알렉스에게 영어로 "빨간 건 몇 개야?"라고 물으면 "2", "노란 건 몇 개야?"라고 물으면 "3"이라고 대답했으며 "과일은 몇 개야?"라고 물으면 "5"라고 대답했다고 한다. 사과라는 하나의 대상에 '빨간색', '과일'이라는 복합적인 개념을 대입해서 상황에 따라 알맞게 분류할 줄 알 뿐만 아니라 숫자 개념에 더해 이를 영어로 대답한 것이다.

앵무새는 일반적으로 사회성이 있고 집단생활을 한다. 이는 까마귀도 마찬가지다. 이런 동물에게는 사회 구성원과의 관계성을 기억해서 정치적으로 활용할 줄 안다는 특성이 있다. 이는 지능 발달에 중요한 요인이다. 이런 점에서도 앵무새는 까마귀의 대역이 되기에 적합하다.

게다가 앵무새는 말도 잘한다. 인간이 길들인 까마귀도 유창하게 말하지만, 앵무새는 까마귀보다 더 뛰어나다. 그야말로 신들린 연출이라고 해도 무방하다. 목소리가 약간 우스꽝스러운 점만큼은 어쩔 수 없지만 말이다.

녀석들은 장난을 좋아하는 새이기도 하다. 'kea, GoPro' 같은 검색어로 동영상을 검색해보면 알 수 있을 텐데, 잠깐 눈을 뗀 사이에 케아가 액션 카메라를 잡아채서 날아가는데 당시 카메라가 작동 중이어서 새에게 붙들린 채 하늘을 나는 영상이 그대로 찍혀 있다.

장난을 좋아하는 새는 케아뿐만이 아니다. 오스트레일리아에서는 근래 시가지에서 쓰레기통 여는 방법을 익힌 큰유황앵무(머리 깃이 레몬색이고 몸은 새하얀 대형 앵무새)가 골칫거리로 떠올랐다. 녀석들은 발로 물체를 붙잡고 능숙하게 다루는 데다 부리를 제3의 손발 혹은 파괴적인 공구로 사용하기도 한다. 쓰레기통 뚜껑에 무거운 돌을 올려 막아두어도 능숙하게 돌을 치우고 뚜껑을 열 정도다. 실제로도 연구 대상이 되고 있고, 『커런트 바이올로지Current Biology』 학술지에 '앵무새가 쓰레기통을 여는 행동이 인간과의 혁신적인 군비 확장 경쟁을 부추기는가?'라는 논문이 실린 적도 있다.[15]

오스트레일리아에 사는 지인은 먹이 때문이라기보다 재밌어서 하는 것 같다는데, 정말로 이 일이 앵무새에게 약간의 보상이

장난꾸러기? 아니면 그냥 배고픈 새? 어쨌거나 똑똑한 골칫덩이 **큰유황앵무**

따르는 두뇌 게임과 같은 의미라면, 상당히 골치 아파진다.

참고로 이 뉴스를 처음 접했을 때 나는 '앵무새가 갖고 놀 더 재미있는 장난감을 설치해서 주의를 다른 데로 돌리면 되겠다'고 생각했다. 지인은 "앵무새용 동영상을 보여주자"고 제안했다. 실제로도 이런 동영상을 판매한다고 한다. 사육 동물의 정신 건강을 위한 일종의 환경 풍부화environmental enrichment 활동인 셈이다.

쓰레기통에서 주의를 돌리기 위해 설치한 화면을 앵무새들이 한데 모여 보고 있는 모습을 상상하니 절로 웃음이 나왔다. 하지만 새들이 점점 모이면 밀려난 녀석들이 결국 쓰레기통을 뒤지면서 놀지 않겠냐는 지적도 있다. ……틀린 말은 아니다. 역시 실제로 시행하기에는 마땅찮다.

이처럼 '무언가를 저지르는' 녀석들이라면 단순히 새가 아니라 한 단계 위의 존재로 올라설 수도 있다. 장난꾸러기 신이 되어도 어울리지 않을까. 아니, 되려 부정적인 이미지가 붙으려나.

마침 앵무새들도 까마귀와 마찬가지로 아침저녁으로 무리 지어 나는 집단성, 주행성 조류다. 실제로 보면 꽤 장관인데, 오스트레일리아에서는 야생 사랑앵무가 녹색 구름처럼 보일 만큼 큰 무리를 이루어 하늘을 난다('budgerigar flock' 등으로 검색하면 동영상을 볼 수 있다). 둥지를 짓기 위해 일제히 나무에 내려앉으면 마른나무가 되살아난 것처럼 녹색으로 뒤덮인다. 모든 앵무새가 사랑앵무처럼 긴밀하게 큰 무리를 이루지는 않지만, 앵무새도 '무리 지어 날며 아침을 알리는 새'의 자격은 있는 셈이다.

녀석들이 까마귀의 대역을 차지하면, 태양에는 거대한 앵무새가 산다는 전설이 생기고, 일본 신화에서도 길 잃은 자 앞에 세 발 달린 앵무새가 나타나 길을 안내할 것이다. 구마노 신사는 야타앵무를 모실 테고, 일본축구협회 마크도 바뀌게 된다.

다만 녀석들이 익살스러울지는 몰라도 신으로서 위엄을 보일지는 알 수 없다.

이어서 식성을 생각해보자. 앵무새는 원래 과일을 먹는데, 매우 커다란 과일까지 먹어 치운다는 부분이 중요하다. 다시 말해 까마귀를 대신해서 씨앗을 퍼뜨릴 가능성이 없지는 않…… 지만, 중대한 문제가 하나 있다.

분명 앵무새는 과일을 먹는다. 하지만 녀석들은 과육뿐만 아니라 힘센 부리로 씨앗까지 깨물어 부숴 먹는다. 견과류를 먹는 어치나 볏과 씨앗을 먹는 참새, 비둘기와 마찬가지로 씨앗 산포자인 동시에 씨앗 섭취자인 셈이다. 비파나 감을 발견했을 때 자칫 잘못하면 씨앗까지 부숴 삼켜버릴지도 모른다니! 이래서야 번식을 돕기는커녕 방해하는 게 아닌가.

그러므로 만약 씨앗을 퍼뜨릴 역할까지 포함해서 녀석들을 까마귀의 대역으로 내세우려면 '육식에 적응한 결과 부리의 기능이 물어 부수는 쪽에 특화되지 않도록 변했다, 혹은 소화 및 생리 기능의 변화로 씨앗 대신 과육만 먹도록 식성이 바뀌었다'라는 조건이 필요하다. 아무래도 무리일 것 같다.

솔직히 처음에는 앵무새가 까마귀처럼 변한다면 제일 재밌지 않을까 생각했다. 생각해보면 케아는 꽤 까마귀처럼 행동하는 새이고, 쓰레기통을 여는 등의 장난을 치는 일면까지 포함해 까마귀 같다는 인상이 가장 강한 새였다.

그러나 가장 중요한 과일 식성이라는 부분에서 이렇듯 설계를 변경해야 한다면 조금 까다로워진다. 게다가 씨앗을 먹는다면 콩이나 곡류까지 오도독오도독 씹어 먹을 가능성이 크다. 그러면 농업에 피해를 주는 유해 조류가 될 잠재력이 지금의 까마귀 이상으로 높아진다.

북아메리카에 유일하게 분포하는 앵무새인 캐롤라이나앵무는 후보로 어떨까. 하지만 녀석들은 과일 및 목화 재배에 피해를 준다는 이유로 구제된 끝에 멸종하고 말았다.[53] 캐롤라이나앵무는 긴 꼬리를 포함한 몸길이 35센티미터, 몸무게는 약 100그램인 새다. 몸무게는 개똥지빠귀와 찌르레기보다 약간 무겁고 비둘기보다는 훨씬 가볍다. 금강앵무 같은 대형 종에 비하면 꽤 적응력이 있을 법한, 즉 약간의 환경 변화에는 견딜 것 같은 소형 종이다. 이런 새가 까마귀의 대역으로 활동할 만큼 몸집이 커진다면 어떨까?

육식 성향이 발달해서 잡식성으로 변한다면 농작물을 덜 망

■ 야생에서 멸종한 시기는 1904년이다. 이후 동물원에서 일부 개체를 볼 수 있었지만, 마지막으로 남은 '잉카스'라는 이름의 개체가 1918년에 신시내티 동물원에서 사망하면서 완전히 멸종했다. 참고로 신시내티 동물원은 1914년에 마지막 여행비둘기 '마사'가 죽은 곳이기도 하다.

치지 않을까? 까마귀도 육식 성향이면서 농작물에 극심한 피해를 주는 동물이지만 유해 조류로서 구제되어 멸종된 사례는 아직 없다.

그런데 육식 성향이 되어도 인간들에게 배척당할지 모른다. 까마귀는 양이나 소가 새끼를 낳은 뒤 배출한 태반 등의 후산後産이나 사산한 새끼마저 먹는다. 언급하고 싶지 않지만, 어미가 제대로 막지 못하면 죽지는 않았더라도 무방비 상태인 새끼를 쪼기도 한다. 이런 이유로 축산업자들이 눈에 불을 켜고 까마귀를 쫓아냈던 역사가 있다. 게다가 까마귀가 갓 태어난 새끼 사슴을 먹기 때문에 사냥감이 줄어들었다며 사냥꾼들도 까마귀를 싫어했다. 실제로 미국의 큰까마귀는 이러한 이유로 구제되었고, 늑대를 박멸하기 위해 설치한 독이 든 먹이를 까마귀가 먹었을 때도 "어차피 똑같은 유해 동물이니 상관없다"는 견해가 있었다고 한다. 북아메리카 중앙부에 큰까마귀의 분포가 딱 비어 있는 지역이 있는데, 평원에 사는 포식 동물과 까마귀를 쫓아내고 목장과 농지로 바꾼 뒤로 큰까마귀가 돌아오지 않았기 때문이다. 이처럼 서부 개척 시대의 순진하기까지 한 자연 파괴 행태를 보면 가장 해로운 동물은……. 여기까지만 하자.

역사적 사실을 함께 고려하면, 안타깝게도 별로 상상하고 싶지 않은 미래 역시 존재할지 모른다.

가능하면 앵무새가 육식에 적응해서 부리의 힘이 약해진 끝에 씨앗을 먹지 않도록 바뀌기를 바란다. 그렇지 않으면 전 세계에서 곡물 재배의 적으로 간주되며 구제되어 멸종할 우려마저 있다. 한편 육식 성향이 강해지면 이번에는 그 점을 싫어한 인간들이 앵무새를 박멸할지도 모른다. 타협점을 찾자면, 과일 식성과 균형을 이룰 수밖에 없다.

유력한 조건부 후보

후보 4 : 과일을 먹는 맹금류

이론적으로는 맹금류도 과일 식성이 될 수 있겠지만, 실제 어떤 새가 있는지 당장은 떠오르지 않는다.

확실히 앵무새와 매는 근연종이어서, 공통 조상은 아마 육식이었으리라고 앞에서 언급했다. 그러니까 평범한 육식동물 조상에서 갈라져 나온 분파가 진화한 끝에 한쪽은 과일과 씨앗을 먹고, 다른 한쪽은 하늘에서 새를 잡아먹는 방향으로 발달한 셈이다. 하지만 날개 달린 무사로 진화한 녀석에게 평화로운 채식주의자로 돌아가라고 말할 수는 없다.『더 페이블』(미나미 카츠히사의 만화. 보스의 명령을 받고 평범한 일반인으로 위장한 살인 청부업자 페이블의 일상을 그렸다—역주)이나 『커피 어떠세요』(코나리 미사토의 만화. 이동 커피점의 점장 아오야마가 사연 있는 손님들에게 커피를 대접하며 마음의 응어리를 풀어준다는 내용이다—역주) 같은 흉내를 맹금류가 낼 수 있을까?

그런데 이런 사례가 실제로 존재한다. 바로 벌매가 그 주인공이다.

벌매는 상당히 독특한 맹금류인데, 땅속에 지은 땅벌 집을 파헤쳐서 유충을 잡아먹는다. 유라시아에 널리 분포하는 만큼 나름대로 성공한 새지만, 맹금류 내 계통이 분명하지 않은 데다 생활사도 독특하다. 동남아시아에는 이 벌매가 망고를 먹었다는 관찰기록이 남아 있다.

한편 오스트레일리아에서 쐐기꼬리수리도 과일을 먹은 사례가 있다고 한다. 비교적 사체 식성이 강한 새지만 포식에 기대지 않는 생활로 점차 바뀌고 있는 게 아닐지 추측한다. 심지어 검독수리마저도 과일을 먹었다는 문헌이 있다.

그러므로 육식의 대표 격인 맹금류가 과일 식성으로 바뀔 가능성은 있는 셈이다.

여기서는 그다지 날카롭지는 않아도 크고 긴 부리로 진화한 맹금류가 까마귀의 특징을 가졌다고 가정해보자. 비행 능력은 그리 필요하지 않으니까 날개는 축소하자. 그리고 지상을 걸어 다닐 테니 다리는 길고 잘 걸어 다니는 형태로……. 이거, 거의 카라카라 같은데. 그러면 수리목에서 카라카라처럼 진화한 셈인가. 앞서 설명한 독수리와 콘도르의 관계와 비슷할지도 모른다.

그건 그렇고 맹금류는 까마귀와 달리 이미 극도로 발달한 발톱이 달려 있다. 까마귀도 먹이를 발로 밟고 이리저리 굴리거나 움켜쥘 수는 있다. 많은 참새목 조류가 먹이를 다룰 때 발을 전혀 쓰지 않는다는 점을 생각하면 까마귀의 발놀림은 꽤 능숙한 편이다. 이러한 특성을 망라해서 연구한 논문이 있는데, 발을 사용할 수 있는 조류는 참새목 중에서 절반도 안 되고, 나머지는 수리, 매, 앵무새, 콘도르 정도라고 한다.

까마귀는 발보다는 주로 부리를 사용한다. 반면 매과 조류는 한쪽 발로 나뭇가지를 움켜쥔 채 사냥감을 잡은 다른 쪽 발을 입가로 가져와 먹는 동작도 거뜬히 해낸다. 맹금류는 비행 중에도 종종 고개를 숙여 발로 움켜쥔 사냥감을 먹기도 한다.

그렇다면 '과일 식성을 갖게 된 맹금류'는 지금의 까마귀보다도 몸놀림이 능숙한 생물이 되지 않을까?

생각해보니 정말 그럴 것 같다. 과일을 먹는 맹금류는 단적으로 '포식자의 형태를 유지한 채 앵무새에 가까워진다'는 뜻이기 때문이다. 이 맹금류가 매라면 앞에서 고찰한 '육식 앵무새'로 진화하게 된다. 능숙하게 날고, 능숙하게 움켜쥐고, 능숙하게 물어

뜯는 게 가능해진다.

……은근히 성가실 듯한 예감이 든다. 앵무새 부문에서 검토했다시피 그물이나 용기 뚜껑을 발로 잡아서 치울 가능성이 있기 때문이다. 앵무새만큼 호기심까지 많다면 자전거 타이어를 물거나 볼트를 돌려보는 녀석까지 나올지 모른다. 까마귀라면 물고 온 철사에 가공 전차선이 합선되어 전차가 멈추는 선에서 끝나겠지만, 앵무새가 멋대로 중요 볼트를 빼버리기라도 하면 대형 참사로 이어질 수도 있다. 뭐, 정말로 중요한 볼트라면 새가 돌린다고 느슨해지지도 않겠지만 말이다.

어쩌면 프라이드치킨 따위를 채가서 공중에서 먹을지도 모르고, 녀석들이 많이 모인 도심에서는 새우튀김 꼬리, 스파게티, 쥐 따위가 머리 위로 마구 떨어질지도 모른다.

나아가 이들이 지상 보행 및 과일 식성에 얼마나 적응하느냐, 다시 말해 '얼마나 맹금류에서 벗어나느냐'에 따라 극히 위험한 사태가 벌어질 수도 있다. 인간에게 가하는 피해의 규모가 커지기 때문이다.

까마귀는 확실히 인간을 '공격'하지만, 무차별적인 게 아니라 새끼를 지킬 때만 공격성을 보인다. 성질이 사나운 개체가 유독 화를 참지 못하고 인간을 덮치더라도 뒤에서 달려들어 머리를 치는 정도에 불과하다.

문제는 새 특유의 발가락 형태다. 기본적으로 새의 발가락은 앞으로 세 개, 뒤로 한 개 달려 있다. 까마귀는 인간을 때릴 때 뒤에서 움켜쥐거나 머리를 발판 삼아 점프하듯 탁 찬다. 이때 뒤로 난 발가락이 머리에 걸리기도 한다.

모리시타 에미코의 연구에 따르면 도쿄에서 "까마귀에게 공격당했다"고 제보한 사람 중 상처를 입은 것은 10여 퍼센트였는데, 모두 발톱 때문에 피부가 까진 경우라고 한다. 결국 뒤로 난 발가락의 발톱이 문제였다.

이것이 맹금류처럼 강해진다면 무서울 것 같다. 가령 참매는 사냥감을 잡을 때 양발로 붙잡는데, 총 여덟 개의 발톱이 대상을 찌른다. 작은 동물은 내장까지 찔릴 경우 즉사할 수도 있다. 맹금류의 강력한 발톱은 사냥감을 붙잡고 날기 위해서뿐 아니라 재빠르고 확실하게 숨통을 끊을 때도 쓰이는 무기다. 실제로 올빼미를 다룰 때 이빨에 물리면 당연히 아프지만 가장 주의해야 할 부위는 발이다. 섣부르게 잡다가는 올빼미가 공격하지 않더라도 그 발톱에 찔릴 수 있기 때문이다. 박제된 표본을 다룰 때조차 조심하지 않으면 발톱에 찔릴 정도다.

작은 동물과 달리 인간은 즉사까지 이르지는 않겠지만, 까마귀에 비해 더 깊은 상처를 입힐 수도 있다.

수리·매목 새들이 까마귀만큼 겁쟁이가 아니라는 점도 유념해야 한다. 도시의 공원에서도 번식기에 있는 조롱이 같은 소형 수리를 볼 수 있는데, 이 새의 둥지에 너무 가까이 접근하거나 화를 돋우면 정면으로 달려들어 얼굴을 차기도 한다. 정말로 차이지는 않더라도 까마귀처럼 뒤쪽만 공격하지 않는다는 것이다. 검도와 검술의 차이라고나 할까.

따라서 맹금류가 진화한다면 지금의 까마귀보다 공격적이고 위협적인 새가 도시에 서식하게 될 수도 있다.▪

맹금류는 일반적으로 조심성이 많아 이렇게까지 인간 가까이에서 생활할지는 알 수 없지만, 행동 양식은 충분히 변할 수 있다. 큰부리까마귀도 원래는 숲에서 1제곱킬로미터가 넘는 행동권을 가지면서도 절대 인간에게 발견되지 않도록 둥지를 짓는 새였기 때문이다. 이러한 '과일 식성의 맹금류' 혹은 '카라카라를 닮은 새'가 시가지를 아무렇지도 않게 활보하게 될 수도 있다.

▪ 미국의 뉴스 매체 「크론Chron」은 2023년 7월 17일, 텍사스주 휴스턴에서 도심에 번식한 붉은꼬리말똥가리가 인간을 공격했다고 보도했다. 집배원을 보호하기 위해 우편배달 업무가 한동안 중지되었다고 한다.

결론
벌매 같은 사례를 고려하면 맹금류가 과일 식성이 될 수도 있다. 더불어 포식 능력이 떨어지고 사체 식성으로 바뀌면 까마귀와 더 비슷해질 것이다. 그러나 때에 따라서는 까마귀보다 더 현실적인 위험 요소로 여겨져 구제될 우려도 있다.

후보 5 : 육식성이 된 비둘기

까마귀의 마지막 대역 후보는 육식성 비둘기다.

그리 생각하고 싶지는 않지만, 끔찍하리만치 고약한 생물이 탄생하지 않을까? 쓰레기가 떨어져 있으면 경계도 하지 않고 바로 떼 지어 내려와 무작정 부리로 쪼아댄다. 그러다가 먹을 수 없으면 휙 내팽개친다. 마찬가지로 쓰레기봉투를 무작정 쪼아 찢어 발긴다. 그러는 동안 쓰레기봉투의 내용물은 전부 터져 나올 테고 말이다. 녀석들은 인간이 다가와도 신경 쓰지 않는다. 프라이드치킨의 뼈 따위를 발견하면 쪼고, 쪼고, 또 쪼아댈 것이다.

······이래서야 지금의 까마귀보다 질이 나쁘지 않은가.

다만 이러한 성질은 집비둘기와 상당히 비슷하다. 집비둘기는 옛날부터 사람에게 사육되었고 야생에 살던 때부터 인간을 겁내지 않던 새다. 완전히 야생이어서 인간과 친숙하지 않은 멧

인간 가까이에서 늘 뭔가를 쪼고, 쪼고 또 쪼는 **집비둘기**

비둘기를 생각하면 확실히 비교된다. 무엇보다 멧비둘기가 일본의 시가지에서 보이기 시작한 시기는 1970년대 중반 늦어도 1980년대부터다. 고작 40여 년밖에 되지 않았다.▪ 멧비둘기는 이전까지 오랜 세월 인간과 적당한 거리를 유지하며 살아왔다.

▪ 나 같은 기성세대 사람들은 "멧비둘기가 최근 도시에 보이기 시작했군요"라고 말하곤 하지만, 생각해보면 40년은 인간의 생애에서 상당히 긴 시간이다. 요즘 젊은이들에게(구태여 기성세대처럼 말하자면) 멧비둘기는 태어났을 때부터 도시에 살던 새다. 나이를 먹으면 '현재'라는 감각이 20대나 기껏해야 30대에 멈춘다는 의견이 있다. 이에 따르면 1960년대생들에게 '지금'은 1980~1990년대인 셈이다. 이들이 멧비둘기가 도시에 보이기 시작한 시기를 '최근'으로 생각하는 이유는 이 때문이다.

비둘기의 성격은 두말할 것도 없이 그들의 생활양식에 가장 큰 영향을 받아 형성되었다. 비둘기는 먹이처럼 보이는 물체가 땅바닥에 떨어져 있으면 무엇이든 쪼아댄다. 절반 이상은 꽝이라 생각되지만, 만약 먹을 수 있어 보이면 곧장 삼킨다. 녀석들이 멍청하게 보이는 가장 큰 이유는 바로 이 행동 때문인데, 과연 조롱당할 정도로 잘못된 방법일까?

생물의 지상과제는 '먹이와 먹이는 아니지만 비슷하게 생긴 물체가 섞여 있으면 먹이만 골라 먹어라. 주어진 시간 내에 먹이를 많이 먹는 쪽이 이긴다'이다. 이를 로봇 경진 대회에 빗대어 생각해보자.

A팀은 두뇌파. 몸에 탑재된 각종 센서로 대상을 계측해서 먹이인지 아닌지 판별한다. 먹이가 아니면 먹지 않고 옆의 물체를 다시 계측한다. 이 방법이라면 부리로 쪼았는데 먹이가 아니었을 때 손실되는 시간과 에너지가 최소화된다.

반면 B팀은 이런 계산을 하지 않는다. '먹이 센서'만 탑재한 입으로 먹이를 물고 선별한 다음 먹이가 아니면 뱉는다. 다량의 가짜 먹이를 입안에 넣어버리기 때문에 이를 골라내는 데에 시간과 에너지가 쓸데없이 들어간다. 하지만 먹이인지 아닌지 신중하게 판단하는 데 시간을 쓰지 않기 때문에 한 번의 시행이 매우 짧다. 센서 탑재 비용과 운용 비용도 필요 없다. 따라서 A팀의 로

봇이 '음, 이건 먹이인가? 잠시만 기다리세요'라며 생각하는 동안, B팀 로봇은 '냠, 퉤! 냠, 퉤! 냠, 퉤!' 식으로 빠르게 입에 넣고 뱉기를 반복하다가 한 가지라도 얻어걸리면 이기게 된다.

그리고 A팀은 통계학에서 말하는 '먹이가 아닌데 먹이라고 판단하는' 1종 오류를 줄이는 데 주안점을 뒀지만, '먹이인데 먹이가 아니라고 판단해서 놓쳐버리는' 2종 오류도 함께 고려해야 한다. 무슨 일이 있어도 틀려서는 안 되는 상황이라면 엄격하게 식별해야 하지만, 기준이 너무 높으면 진짜 먹이까지 놓쳐버릴 위험성이 커지는 것이다. 지나치게 엄격해 아무것도 못 하게 만드는 보안 인증이나 다름없다.

최종적으로 어느 팀이 이길까? '똑똑한 쪽'이 이긴다고 단정할 수 있을까?

실제로는 먹이를 잘못 식별했을 때의 불이익이 어느 정도인지(식용 버섯과 독버섯을 잘못 구별했다가는 목숨이 위험하다), 먹이가 아닌 물체가 얼마나 섞여 있는지, 1회 시행에 비용이 얼마나 드는지 등 조건에 따라 점수가 달라지므로 일률적으로 결론을 내릴 수는 없다. 그러나 일할 때나 공부할 때, 아무 생각 없이 닥치는 대로 상대한다고 무조건 틀린 건 아니라는 교훈을 얻은 적 있지 않은가? 세련되게 정답을 구하는 것만이 해법은 아니다.

그러므로 비둘기가 멍청하게 보이더라도 이것이 녀석들에게는 가장 합리적인 방법일 가능성이 매우 크다.

일단 비둘기를 옹호했으니 이제 '식성이 바뀌어도 비둘기는 그대로일까?'를 생각해보자.

앞에서 '비둘기가 이런 행동을 보이는 이유는 비둘기 나름의 생활양식을 갖추고 있기 때문'이라는 이야기를 했다. 마찬가지로 생활양식이 까마귀처럼 변한다면 비둘기도 까마귀를 닮을 가능성이 크다. 애초에 포식자의 빈틈을 노리며 먹이를 훔치려면 죽지 않기 위해서라도 신중하고 주의 깊게 행동해야 한다. 식성의 폭을 넓히면 다양한 먹이를 기억해야 하고, 먹잇감을 찾는 방법, 손에 넣는 방법도 복잡해진다. 구구거리며 땅바닥을 쪼아대기만 해서는 굶어 죽기 십상이다.

따라서 까마귀처럼 식성이 육식으로 바뀐 비둘기는 까마귀와 상당히 비슷해질 것이다. 하지만 이번만큼은 굳이 "비둘기의 원래 성격을 유지한 채 식성만 까마귀처럼 변했다"라고 밀어붙여 보자. 까마귀 성격을 닮아 무작정 쓰레기봉투를 잡히는 대로 찢고 헤집는다면 사상 최악의 새가 탄생할 것 같아서다.

비둘기가 본래 자신의 특성을 지닌 채로 까마귀처럼 생활한다면 어떻게 될까?

묻고 답할 필요도 없이 땅에 내려앉자마자 다짜고짜 눈에 보이는 건 모조리 쪼면서 다니지 않을까. 그리고 먹이가 아니라면 집어던지지 않을까. 까마귀도 별반 다르지 않지만, 빈 깡통이든 휴지 조각이든 대상을 가리지 않는 비둘기는 멍청한 까마귀나 다름없다. 쓰레기봉투를 헤집는 빈도가 현격히 늘어나면(일반 쓰레기든 재활용 쓰레기든 종이 쓰레기든 상관없이 매일) 청소에 드는 수고도 늘어난다. 까마귀는 구멍이 보이면 부리로 후비고 끌어당길 수 있는 물체는 끌어당기는 버릇이 있는데, 비둘기는 이보다 더하다. 적어도 까마귀는 흥미를 끄는 대상을 고르기라도 하지만, 비둘기는 땅콩을 먹으러 왔다가 셔츠 단추나 신발 끈 구멍처럼 동그란 게 보이면 먹이로 착각하고 쪼아댄다.

그리고 이 '까마귀처럼 진화한 비둘기'는 육식에 적합한 부리를 지닌 만큼 파괴력도 까마귀에 필적할 것이다. 정말이지 끔찍하다.

비둘기는 씨앗도 먹는데, 통째로 삼키기도 하지만 종종 부숴먹는다는 점도 문제다. 생리 기능인 탓에 좀처럼 해결하기 어렵다.

만약 녀석들이 씨앗을 먹지 않는다면 어떻게 바뀔까? 그러면 씨앗 대신 다른 뭔가로 영양을 보충해야 하는데, 이 '뭔가'가 육류라면?

새는 이빨이 없어서 못 씹는 대신 근육으로 이루어진 모래주머니에서 딱딱한 먹이를 기계적으로 으깨어 소화를 돕는다. 그런데 육식 성향이 강해져 강력한 모래주머니를 쓰지 않게 된 비둘기는 결과적으로 씨앗을 전혀 먹지 않고 과육만 먹게 된다……
는 가정이 필요하다.

앵무새와 마찬가지로 이런 패턴도 불가능하지는 않다고 해두
자. 멧비둘기나 녹색비둘기라면 나무 위에 둥지를 틀므로 서식
장소는 까마귀와 다르지 않다. 몸길이가 40센티미터 이상인 흑
비둘기나 숲비둘기는 크기도 까마귀와 비슷하다. 녀석들이 육식
을 하게 되면서 부리가 커진다면 더욱 까마귀처럼 보일 것이다.

그러나 처음부터 인간에게 사육되었던 집비둘기와 달리 멧비
둘기가 도시에서 살기 시작한 시기는 1980년대부터이므로 까마
귀만큼 인간과 바싹 붙어서 살지는 않았을지도 모른다.

한편, 비둘기이기에 생기는 두려움도 있다. 바로 녀석들의 번
식 형태 때문이다.

일반적으로 조류는 먹이, 특히 곤충의 유충이 풍부한 시기에
번식한다. 급격히 성장하는 새끼를 키우는 데 필요한 부드럽고
영양이 풍부한 먹이를 대량으로 얻을 수 있기 때문이다. 그러나
비둘기는 어미 새가 소낭유(영어로는 'pigeon milk' 또는 'crop milk'
라 한다. 소낭은 먹이를 일시 저장하는 모이주머니를 뜻한다―역주)라는
영양이 풍부한 분비물을 모래집에서 게워내 새끼에게 먹인다. 다
시 말해 어미 새가 먹이를 잘 챙겨 먹으면 이를 몸속에서 먹기 쉬
운 형태로 가공해서 새끼에게 줄 수 있다는 것이다. 이 때문에 비

둘기는 번식 시기가 한정적이지 않으며 가을에 알을 낳는 경우도 심심찮게 볼 수 있다. 먹이만 충분하면 겨울에도 알을 낳는다.

따라서 '5~6월은 까마귀가 새끼를 독립시키는 시기이니 주의합시다'라는 경고가 무색해진다. 이 '까마귀비둘기'가 까마귀만큼 신경질적으로 나올지는 알 수 없지만, 만약 기를 쓰고 제 영역을 지키려드는 새라면 인간들은 1년 내내 위협받게 될지도 모른다. 그리고 쓰레기가 넘치는 도시는 그야말로 녀석들이 '1년 내내 번식할 수 있는 환경'이다.

결론

끔찍할 정도로 포기를 모르고, 무작정 끈질기게 달려드는 육식성 비둘기. 아마 세상 끝까지라도 쫓아오려는 터미네이터만큼 소름 끼치는 존재가 아닐까. 이쯤 되면 공포의 영역이다. 이런 망상이 아니더라도 실제 어떤 새가 될지는 종잡을 수 없다. 어쩌면 의외로 까마귀를 닮을 가능성도 있다. 닮는다고 해도…… 까마귀와 달리 번식기가 정해져 있지 않기 때문에 인간에게는 더욱 성가신 새가 될지도 모른다.

최종 결과 발표: 그리고 아무도 없었다?

　자. 다양한 측면에서 생각해본 결과, 어떤 새가 까마귀의 대역이 되든 일장일단이 있었다. 솔직히 가장 그럴듯하면서 재밌는 새는 앵무새라고 생각하지만, 씨앗 산포자의 역할을 하지 않을 수도 있다는 점을 잊어서는 안 된다. 게다가 까마귀보다도 성가신 '해로운 새'가 출현할 우려가 있다는 맹점도 존재했다.

　차선으로는, 청소동물이라는 의미가 있으면서 외형도 멋있는 독수리 같은 맹금류가 있는데, 이 역시 까마귀 이상으로 과격한 새가 될 가능성이 제시되고 말았다. 게다가 식성이 과일 쪽으로 바뀌거나 대형 과일을 먹는 또 다른 동물이 나타나지 않으면 식물의 진화에 영향이 갈 우려도 있다.

어쩌면 환경 자체가 바뀔지도 모른다. 국제 정세가 바뀔지도? 이건 농담이지만, 나비효과라는 말도 있으니 실제 무슨 일이 일어날지는 알 수 없다.

어쨌든 지금까지 해본 망상 가운데 가리고 가려서 조건을 충족하는 경우를 고르면 이 정도다.

- 콘도르, 독수리, 육식성 앵무새와 과일 식성의 대형 찌르레기, 대형 솔딱새가 세트로 있는 경우
- 몸집이 적당히 작아지고 공격성이 줄어든 맹금류가 과일 식성 혹은 사체 식성에 특화한 경우

음, 둘 다 조건이 상당히 까다롭다. 심지어 첫 번째는 두 그룹이 서로 보완하며 진화해야만 실현 가능한 방안이다.

이밖에는 비둘기가 대형 육식동물로 진화하는 경우가 있는데…… 불가능하지는 않지만, 비둘기가 육식성으로 진화한 실제 사례가 없을뿐더러 설득력도 좀 부족하다.

정말 예상치 못하게 검독수리가 몸집을 줄이고 과일 식성 혹은 사체 식성이 된다면 이 경우가 최선일까? 하지만 이렇게 된다 해도 인간과 얼마나 가까이 살지는 확실치 않다. 인간과 떨어져 산다면 문화적 측면에서 까마귀의 대역이 사라지고 만다. 도시에

서 쓰레기를 뒤지는 문제도 사라질지 모르지만, 그렇게 되면……
이른 아침 번화가에서 쓰레기를 뒤지지 않는 새를 '까마귀'라고
불러도 될까?

역시 까마귀 말고는 까마귀가 없구나!

……이렇게 마무리하려던 차에 유일하게 완벽한 새를 찾아내
고 말았다.

바로 아프리카에 서식하는 야자민목독수리다!

야자민목독수리는 맹금류 중에서도 가장 별난 종이다.

분류상으로 수리과에 속하지만, 독수리와 달리 독수리속은
아니다. 녀석들만을 위해 만들어진 야자민목독수리속*Gypobierax*
이다. 분기된 순서를 따지면 물수리속, 수염수리속, 독수리속 다
음으로, 상당히 오래된 과거에 다른 종에서 떨어져나온 것으로
추정된다. 아프리카 서해안의 감비아, 동해안의 케냐에서 남아프
리카까지 이르는 해안 지역에 분포한다. 뒤에서 설명하겠지만,
기름야자가 자라는 지역을 선호하므로 건조지나 고지대에는 살
지 않는다.

몸길이 60센티미터, 날개 편 길이 150센티미터, 몸무게 1.5킬
로그램 전후이므로 큰까마귀보다 약간 큰 정도다. 나무 위에 둥

지를 트는데, 호텔 정원에도 둥지를 틀었다는 사례가 있을 만큼 인간을 별로 무서워하지 않는다.

무엇보다 중요한 특징은 식성이다. 야자민목독수리는 야자열매의 껍질과 과육을 먹는다. 기름야자와 라피아야자가 주식이며 오렌지도 먹는다. 다 자란 성체는 먹이 중 60퍼센트, 어릴 때는 먹이 중 80퍼센트 이상이 과일이라는 통계가 있다. 곡류도 먹는 모양이다.

이 새가 씨앗을 퍼뜨리는 역할도 수행한다는 점이 중요하다. 기름야자와 라피아야자처럼 커다란 열매를 물고 날 수 있을 만큼 몸집이 크고, 과일을 그대로 삼킬 수 있을 만큼 부리도 크다. 게다가 브라질에서는 카라카라가 날카로운 부리와 발톱으로 기름야자의 껍질에 상처를 내면 발아율이 높아진다는 가능성을 확인한 연구[16]도 있다. 야자민목독수리도 이와 비슷할지 모른다. 카라카라도 기름야자 열매를 먹지만 야자민목독수리만큼 많이 먹지는 않는다.

한편 야자민목독수리는 완전히 초식만 하는 건 아니고, 사체는 물론 곤충, 거북 등 다양한 소형 동물에서 새까지, 살아 있는 사냥감을 잡아먹는다. 일찍이 과일 식성에 전념하는 방향으로 진화했으나 조상의 영향으로 육식 성향이 남아 있는 새다. 그리고 활공보다 날갯짓으로 날기 때문에 상승 온난 기류에 의존하는 경향이 적다. 비교적 소형인 데다 전문 청소동물과 달리 사체를 찾아 장거리를 날아다닐 필요가 없는 것이다.

따라서 야자민목독수리는 까마귀처럼 사체와 작은 동물을 먹고, 과일을 먹으며 씨앗을 부수지 않고 온전하게 배출해서 널리 퍼뜨릴 수 있고, 이른 아침부터 활기차게 날아다니는 새다. 그야말로 생태학적으로 충실한 유사 까마귀다! 완벽하게 까마귀의 대역이 될 수 있다!

까마귀와 닮지 않은 부분이 단 하나 있는데, 재래종이 하얗다는 점이다. 특히 배 쪽에서 보면 첫째날개깃 끝부분과 둘째날개깃, 셋째날개깃 그리고 꽁지깃 뿌리 부분은 까맣지만, 전체적인 인상은 하얗다. 황새 같은 느낌이랄까. 등에는 비교적 검은 부분이 많아 흑백 얼룩처럼 보인다.

정리하면 야자민목독수리에게서 다음과 같은 점을 기대할 수 있다.

- 다양한 과일을 먹으며 부족하면 사체를 먹거나 살아 있는 생물을 잡아먹어 영양을 보충하는 등 적응성이 높다.
- 몸집을 작게 함으로써 보다 적응력을 높여 먹이 자원이 적더라도 살아남을 수 있다.
- 따라서 세계 각지로 진출해서 전 세계에 분포할 수 있다.

드디어 찾은 대역, **야자민목독수리**

• 이 과정에서 검은 깃털로 진화할 수 있다.

이로써 '사체 식성, 과일 식성에 포식까지 하고, 중형~대형 크기로 아침부터 날아다니면서, 전 세계에 분포하는 새까만 새' 가 완성되었다. 기름야자를 남아메리카 및 아시아의 열대 지역에서도 재배한다는 사실을 생각하면 녀석들의 서식지 역시 상당히 넓어질 잠재력이 있지 않은가! 녀석들의 앞날은 참으로 밝다. 기존 식생을 모조리 파괴하는 플랜테이션을 따라 분포 지역을 넓혀간다는 점이 조금 걸리지만 말이다.

다만 이 '신생 까마귀'가 아무리 애를 써도 해낼 수 없는 점이 한 가지 있다. 말하는 것이다. 수리류와 매류는 참새목만큼 음성이 발달하지 않아 지저귀지 못한다. 애초에 학습을 통해 다른 종의 소리를 받아들이지 못한다. 실제로 야자민목독수리는 그르렁거리는 소리나 집오리처럼 꽥꽥거리는 소리, 혹은 피리처럼 새된 소리를 낼 수는 있지만, '노래'를 부를 정도는 아니다. 물론 인간의 말소리를 따라 하지도 못한다.

따라서 에드거 앨런 포도 「독수리」라는 시에 새를 등장시켜서 '영영 없으리Nevermore'라고 말하게 할 수 없다. 그런데 이게 어떻다는 말인가. 말하지 않더라도 까마귀는 까마귀……. 그렇지만…… 향수를 불러일으키는 "깍깍" 소리가 없으면 「까마귀와 함께 집에 가요」라는 동요도 탄생할 수 없을 텐데. 역시 100퍼센트 완벽한 대역은 존재하지 않는 걸까.

하지만 왠지 이렇게 되리라는 예감도 있었다. 만약 까마귀의 완벽한 대역이 존재했다면 처음부터 까마귀라고 불렸을 테니까 말이다. 이쪽을 맞추면 저쪽이 맞지 않는 것이 세상의 이치다. 설령 완전히 대역으로 갈아 치운다 해도 상당한 개조가 필요할 테고, 개조하면 또다시 예상치 못한 부작용이 생길 우려가 있다.

그런고로 책 첫머리에서 묘사한 '까마귀만이 없는 거리'의 풍경은 다음과 같은 식으로 이어질 것이다. 이왕 이렇게 된 거 올스타 총출동이다.

아메리카 대륙의 온대기후 지역에서 원주민들이 숭배하는 것은 어디선가 날아온 콘도르나 카라카라다. 평원에서는 콘도르가 늑대의 뒤를 쫓고, 늑대가 먹잇감의 숨통을 끊으면 카라카라가 주변을 에워싼 채 먹이를 기다린다.

북아메리카에 서식하던 콘도르들은 캐나다까지 영역을 넓힌 다음 기세를 이어나가 베링 육교를 건너 유라시아까지 석권하려 한다. 그러나 이를 막아선 종이 있으니, 구대륙의 독수리류다. 독수리는 오랜 시간에 걸쳐 한대기후에 적응했고, 베링 육교를 신속하게 건넌 것도 이들이었다. 결과적으로 시베리아로부터 알래스카, 캐나다에 이르기까지는 중형 독수리가 '신'이고, 조상의 혼령을 본뜬 토템 폴 역시 흰머리수리와 독수리 형상으로 만들어졌다.

오스트레일리아에서는 사체 포식에 특화된 쐐기꼬리수리를 필두로 소형 독수리와 육식 성향이 강해진 케아가 뒤에서 차례를 기다리고 있다. 쐐기꼬리수리는 사체뿐만 아니라 과일까지 식성을 넓혀 오세아니아에서 씨앗을 퍼뜨리는 데 없어서는 안 될 종이 되었다. 유라시아에서는 벌매와 소형 검독수리가 씨앗을 퍼뜨린다. 시골에서는 안뜰의 감나무에 내려앉은 맹금류가 감을 먹는 광경도 흔하다. 최근에는 선로 주변에서 맹금류를 종종 볼 수 있는데, 비파 씨앗을 퍼뜨리는 데 일익을 담당한다.

그러나 무심코 다가가서는 안 된다. 번식기인 봄부터 초여름에 걸쳐 공원에 둥지를 튼 '까마귀벌매' 또는 '까마귀검둥수리'는 인간에게 공격적이다. 매년 새에게 머리나 얼굴을 차였다는 사건이 발생해서 그때마다 신문은 "흉포해진 맹금류가⋯⋯"라는 헤드라인을 싣고, 조류학자는 "이런 행동을 보이는 것은 새끼를 지킬 때뿐"이라는 설명을 덧붙인다. 그러나 (까마귀와 달리) 유혈 사태로 이어지는 일이 잦아 인상이 그리 좋지는 않다.

시가지에서는 앞에서 언급한 새들뿐 아니라 붉은부리갈매기와 솔개가 쓰레기 더미를 뒤지는 데 참전했다. 솔개는 도시의 새라는 인상이 들지 않을 수도 있지만, 1970년대까지는 도쿄의 도심에서도 쓰레기를 뒤지곤 했다. 한때 도심에서 개체 수가 줄었다가 1980년대부터 2000년쯤에 걸쳐 먹이로 길들인 결과 도시에서도 흔하게 볼 수 있게 되었다.

대도시의 빌딩 숲과 고가도로 밑에는 몸길이 40센티미터가 넘는 찌르레기가 둥지를 틀고 번화가로 날아든다. 어쩌면 영리하고 거대한 솔딱새가 한동안 지저귀다 갈지도 모른다. 다만 녀석들은 쓰레기도 뒤지지만 과일과 작은 동물도 먹는다. 곤충도 먹고 작은 새나 생쥐를 잡아먹으며 제비와 비둘기 둥지도 종종 습격한다. 게다가 둥지는 역 플랫폼 지붕을 받치고 있는 철골 사이에 짓는다. 머리 위에서 어린 새가 지저귀고, 때로는 정체를 알 수 없는 음식물 찌꺼기가 떨어질지도 모른다. 예전에는 삼림이나 기껏해야 큰 절 근처에서만 살았지만, 1970년대부터 서식지를 도시로 급격히 넓힌 끝에 이제는 거리의 풍경에 완전히 녹아들었다. 지붕 밑에 둥지를 짓는 바람에 문제가 되기도 한다.

쓰레기장에서는 우락부락한 비둘기가 자리를 차지한 채 한사코 프라이드치킨을 쪼고 있다(뭐, 비둘기는 인간이 손에 쥔 것이라면 팝콘이든 프라이드치킨이든 개의치 않고 쪼아 먹으러 올 테니 지금과 별로 바뀌지 않겠지만 말이다).

더불어 잡식성 앵무새가 공원 나무의 구멍에서 번식하고 쓰레기통을 열기도 한다. 최근에는 문 앞에 둔 택배를 앵무새가 갉았다는 신고도 늘어나는 바람에 택배 회사도 골머리를 앓고 있다고 한다.

조류학자 마쓰바라의
또 다른 일상

휴. 나는 운동을 마치고 집에 들어왔다가 쓰레기봉투를 들고 출근한다. 아파트 앞 쓰레기장은 튼튼한 철망으로 둘러싸여 있고, 새들이 가지고 놀 장난감까지 마련되어 있다. 당연하다. 아무 대비 없이 그냥 두면 온갖 동물들이 음식물 찌꺼기를 먹으러 몰려들 테니까. 철망은 맹금류의 파괴력에 대비하기 위해, 장난감은 '까마귀앵무'의 주의를 다른 데로 돌리기 위해서다. 장난감에는 이빨 자국이 상당히 많았지만, 사흘 전과 별로 차이는 없었다. 아무래도 가지고 놀다가 싫증이 난 모양이다. 다른 장난감을 마련해야겠다.

역까지 출근하는 도중 전봇대와 가로수에 '까마귀검독수리

주의!'라는 벽보가 빠짐없이 붙어 있는 것을 보았다. 유치원 앞에서 놀고 있는 아이들은 가시 달린 고무 재질 헬멧을 쓰고 있다. 오스트레일리아에서 호주까치의 공격에 대비하기 위해 발명된 상품이 일본에도 들어왔나보다. 맹금류가 머리를 찬다는 말도 농담이 아니게 된 이상 이 정도 방비책은 마련해야 한다.

역 앞 고가도로에서는 주변 소음을 뚫고 낮고 굵게 지저귀는 새소리가 들려왔다. 고가 기둥 어딘가에 둥지를 튼 '까마귀솔딱새'의 소리 같다. 그러나 이 소리를 듣고 고개를 치켜든 사람은 조류학자인 나 말고는 없었다. 인간은 어떤 상황에도 적응하는 법이다.

직장에 도착해서 새로운 메일이 있는지 확인했다. 대학 본부에서 온 메일을 보니 '자전거 바퀴 펑크에 대한 주의 환기' 공지가⋯⋯. 아, 역시 범인은 앵무새였나. 얼마 전부터 대학 내에서 사고가 몇 번이나 발생한 데 이어 어제는 공용차를 공격한 흔적까지 발견되었다. 대학 구내의 맹금류 분포 및 둥지 상황에 대한 조사 의뢰가 들어왔다. 조류학자로서 응해야 할 의무가 있다. 식당 주변에서 육식성 비둘기에게 쪼이는 사고가 발생했으니 벤치에서 음식을 먹지 말라고 해야 할까. 아이고.

출판사에서 집필 의뢰도 들어왔다. 어디 보자⋯⋯. '만약 거리에서 골칫거리가 사라진다면'이라고? 이런 경우에 맞는 좋은 대안이 있을까.

기껏해야 여러 종의 새를 한데 묶은 종이 진화한다는 정도겠지. 과일 식성, 곤충 식성, 사체 식성을 모두 만족하면서 지능이 높고, 맹금류만큼 흉포하지 않은데 앵무새만큼 끔찍할 정도로 장난을 좋아하지도 않는, 범용성이 높은 새. 이런 새가 있다면 제일 먼저 연구할……

이때 갑자기 창문이 열리며 새 한 마리가 날아들었다. 시커먼 새는 까만 눈을 번뜩이더니 큼지막한 부리를 열고 똑똑히 말했다.

"영영 없으리."

그렇다. SF 장르의 시간 여행 작품이 수없이 증명했듯 안이한 가정은 결코 좋은 결과로 이어지지 않는다. 『백 투 더 퓨처』1편에서 마티 맥플라이가 무심코 과거를 바꿨더니 자신의 존재가 사라졌고, 2편에서는 별생각 없이 미래에서 스포츠 연감을 가져오자 어마어마한 디스토피아가 '현재'로 들이닥치고 말았다. 그런데도 최종적으로는 "미래는 너희를 위해 열려 있어!" 같은 느낌으로, 심지어 원래 세계보다도 좋아진 형태로 해피 엔딩을 맞이하는 전개는 할리우드 오락 영화라서 가능하다고밖에 할 수 없다. 현실은 그리 만만하지 않다……. 이것은 하루하루를 살아가는 우리 모두 알고 있는 사실이다.

'만약 ○○만 사라진다면' 같은 편의적인 가정은 쉬이 이루어지지 않는 법이다. 우리는 현실과 타협하면서 그나마 더 나은 미래를 선택하며 살아갈 수밖에 없다.

그렇다면, 까마귀가 존재하는 익숙한 세계가 더 낫지 않을까?

- カンダス・サビッジ 著,『カラスの文化史』, 松原始 監修, 瀧下哉代 訳, エクスナレッジ, 2018.
- フランク・Ｂ．ギル,『鳥類学』, 山岸哲 日本版監修, 山階鳥類研究所 訳, 新樹社, 2009.
- 樋口広芳・黒沢令子 編,『カラスの自然史』, 北海道大学出版会, 2010.

- Heinrich, B. (2007). Mind of the Raven: Investigations and Adventures with Wolf-Birds. New York: HarperCollins (Ecco/Harper Perennial).
- Goodwin, D. (1986). Crows of the World (2nd ed.). London: British Museum (Natural History).
- Gill, F. B., & Prum, R. O. (2019). Ornithology (4th ed.). New York: W. H. Freeman.
- Madge, S., & Burn, H. (2013). Crows and Jays: A Guide to the Crows, Jays and Magpies of the World (Helm Identification Guides). London: A&C Black.

주

1 Joe Roman, Whales as marine ecosystem engineers, Frontiers in Ecology and the Environment, 12(7), 377–385, 2014, https://doi.org/10.1890/130220.

2 池田真次郎, 1957.「カラス科に属する鳥類の食性に就いて」,『鳥獣調査報告』第16号, 農林省.

3 T. Yoshikawa & H. Higuchi, Invasion of the loquat (Eriobotrya japonica) into urban areas of central Tokyo facilitated by crows, Ornithological Science, 17(2), 165–172, 2018, https://doi.org/10.2326/osj.17.165.

4 石田仁, 1985.「ハシブトガラスによるソテツの種子散布の観察(英文)」,『沖縄生物学会誌』第23号, 29–32.

5 T. C. Kline et al., Recycling of elements transported upstream by runs of Pacific salmon: I. $\delta^{15}N$ and $\delta^{13}C$ evidence in Sashin Creek, southeastern Alaska, Canadian Journal of Fisheries and Aquatic Sciences, 47(1), 136–144, 1990, https://doi.org/10.1139/f90-014.

6 Susan K. Skagen et al., Human disturbance of an avian scavenging guild, Ecological Applications, 1(2), 215 – 225, 1991, https://doi.org/10.2307/1941814.

7 Cécile Mourer-Chauviré, Cenozoic birds of the world, part 1: Europe, The Auk, 121(2), 623 – 627, 2004, https://doi.org/10.1093/auk/121.2.623.

8 S. Hamao, M. Watanabe & Y. Mori, Urban noise and male density affect songs in the great tit (Parus major), Ethology Ecology & Evolution, 23(2), 111 – 119, 2011, https://doi.org/10.1080/03949370.2011.554881.

9 E. P. Derryberry et al., Singing in a silent spring, Science, 370(6516), 575 – 579, 2020, https://doi.org/10.1126/science.abd5777.

10 Nikita V. Zelenkov, The first fossil parrot from Siberia, Biology Letters, 12(10), 2016, https://doi.org/10.1098/rsbl.2016.0717.

11 Miki Ben-Dor et al., The evolution of the human trophic level during the Pleistocene, American Journal of Physical Anthropology, 175(S72), 27 – 56, 2021, https://doi.org/10.1002/ajpa.24247.

12 Derek Goodwin, Crows of the World, London: British Museum (Natural History), 1982. ※ 초판.

13 Chris Baumann et al., Evidence for hunter-gatherer impacts on raven diet and ecology, Nature Ecology & Evolution, 7(8), 1302 – 1314, 2023, https://doi.org/10.1038/s41559-023-02107-8.

14 E. Morishita et al., Movements of crows in urban areas, based on PHS tracking, Global Environmental Research, 7(2), 181 – 191, 2003.

15 Barbara C. Klump et al., Is bin-opening in cockatoos leading to an innovation arms race with humans?, Current Biology, 32(17), R910 – R911, 2022, https://doi.org/10.1016/j.cub.2022.08.008.

16 L. B. Silva, Frugivory and primary seed dispersal of Elaeis guineensis by birds of prey, Brazilian Journal of Biology, 84(2), 2022, https://doi.org/10.1590/1519-6984.256937.

만약 세상에서 까마귀가 사라진다면

1판 1쇄 인쇄 2026년 2월 20일
1판 1쇄 발행 2026년 3월 4일

지은이 마쓰바라 하지메
옮긴이 정한뉘
펴낸이 이선희

책임편집 이은
편집 이선희 정큰별 오연정
저작권 박지영 형소진 주은수 오서영 조경은
디자인 백주영
마케팅 정민호 한경화 한민아 이민경 박진희 황승현 김경언 양지연
브랜딩 함유지 박민재 이송이 김은솔 박다솔 조다현 김하연 신은서 이준희
제작 강신은 김동욱 이순호
제작처 천광인쇄사

펴낸곳 (주)나무의마음
출판등록 2016년 8월 25일 제406-2016-000107호
주소 10881 경기도 파주시 회동길 210
문의전화 031-955-2696(마케팅) 031-955-2683(편집) 031-955-8855(팩스)
전자우편 sunny@munhak.com
ISBN 979-11-90457-43-9 03470

www.munhak.com